JN040396

育てる・食べる・飾る まるごと楽しむ

オリーブの本

岡井路子 著

レッチーノ

オリーブと暮らせば、人生は 10 倍楽しい。

小倉園

オリーブの生産農家

観葉植物で知られる小倉園は、1995年頃からオリーブの栽培に取組み、苗木の輸入・挿し木繁殖・生産を行っています。希少品種を含め100種類以上のオリーブを生産。美しい樹形に仕立てられた、環境適応力に優れた良質の苗は、「小倉園のオリーブ」として広く信頼を集めています。

（群馬県板倉町）

GROUNDED

オリーブがエクステリアを飾る

美容院GROUNDEDのエクステリアに、１本の地植えのオリーブの木と、ずらりと並ぶオリーブの果樹鉢。
（埼玉県深谷市）

オリーブのシンボルツリー

フロントガーデンでは、植えて7年目のオリーブの木が、きれいなまるい樹形を見せてくれます。

オリーブのコンテナガーデン

フロントガーデンの左手に広がるスペースには果樹鉢に植えたオリーブの木のコレクション。白いペイントで記された品種名が、わかりやすく、かつスタイリッシュ！ 8月のオリーブが緑色の実をたくさんつけています。プラスティックの果樹鉢は持ち手がついていて運びやすく機能的。鉢の下部を切って入れたスリットが、根の環境をよりよく整えているようです。

「旅する鈴木」さんのベランダガーデン

オリーブと暮らす

挿し木で増やした小さなオリーブが、日当たり良好のベランダガーデンで健やかに生育中。オリーブの大きな鉢を置いたベランダは夜になると、小さな森のような雰囲気です。（東京都品川区）

鉢植えのオリーブは、中央がネバディロ ブランコ、左がフラントイオ。椅子はスペインのオリーブの古木から作られたもの。

『旅する鈴木』

ヨガインストラクターのヨメ、鈴木聡子と、映像作家のダンナ、鈴木陵生の旅する夫婦。2011年より世界を廻る旅をはじめ、その旅の様子を1日1本、動画で発信する「旅する鈴木」プロジェクトを開始。2018年より、BS朝日にて初の冠番組「旅する鈴木 夫婦で世界一周」が不定期放送中。

挿し木で増やしたオリーブの小さな鉢植え。品種は左からルッカ、ネバディロブランコ。

もくじ

はじめに

岡井路子　（おかい みちこ）

ガーデニングカウンセラー。オリーブに心ひかれ、まずは小豆島、以降、スペイン、ポルトガル、トルコ、ギリシャ、イスラエルなどオリーブの原産国を繰り返し訪ね、オリーブについて学ぶ。日本各地でオリーブの講習会の講師を務めるほか、2006年に『まるごとわかるオリーブの本』、2008年に『はじめてのオリーブ』をプロデュース（共に発売主婦の友社）。2011年に『NHK趣味の園芸 よくわかる栽培12か月 オリーブ』（NHK出版）、2014年に『決定版 育てて楽しむオリーブの本』（発売主婦の友社）、2018年に『NHK 趣味の園芸 12か月栽培ナビ オリーブ』（NHK出版）を執筆、2019年に『岡井路子 10人＋1人と語る オリーブの贈り物』をＡ＆Ｆより刊行。雑誌、TVで活躍中。

Photo:Shimpei Asai

オリーブは幅広い層に人気！

この10数年の間に、オリーブはびっくりするような勢いで、人気ナンバー1への階段を駆け上ったように見えます。住宅の庭はもちろん、ショップやレストランのエントランス、おしゃれなカフェなど、あちこちでオリーブの木を見かけます。オリーブの木は、どこに置いても、不思議なほどその場の雰囲気に似合うのです。パン屋さんの煉瓦造りのアプローチはもちろん、ユッカなどのドライな植物がかっこいい美容院のフロントガーデンにも、そして、日本の農家の古い養蚕小屋を背景にしても（p30~31）、オリーブはその場所にしっくりとなじみ、その場所の雰囲気をいっそう魅力的なものにしてくれます。

オリーブってこんなにおいしいものだったの？

地中海沿岸地域を原産地とするオリーブは、日本の私たちにとって、20年まえにはかなり遠い存在でした。いまでこそ情報もひと通り行き渡り、いろいろな品種のオリーブの苗木が流通するようになりましたが、まだまだ知られていないことも多いのです。オリーブセミナーにご参加の皆様に、前年に収穫した実で作ったオリーブの実の保存食を試食していただくと、「オリーブって、こんなにおいしいものだったの？」と、驚かれます。3粒でも7粒でも、ご自分のオリーブから実を収穫できたときは、ぜひ、本書を参考に塩漬けや塩水漬け、メープルシロップ漬けなどを作ってみてください。オリーブの実のおいしさを知れば、「オリーブの実の収穫」という新しい楽しみが、人生に加わることでしょう。オリーブの木が花を咲かせ、実を結び、色づいていく過程を見守る楽しさは、毎年経験していても飽きることがありません。

知れば知るほど楽しみが増える

オリーブについて日本ではまだほとんど知られていなかった頃から、知っている人を見つけては、たくさんのことを教えてもらってきました。知れば知るほど、楽しみが増え、そして知れば知るほど、知らないことが増えてくるのがオリーブです。まだまだ、知らないことが多いのですが、これまで知ったことを、本書にまとめました。自転車の乗り方といっしょで、植物とのつきあい方は、わかった！ という瞬間が来ないと、なかなかストンと胸に落ちないものです。オリーブと暮らしながら、本書を開いて、また読み返していただき、ゆるく長く、オリーブともどもおつきあいいただければうれしいです。

第1章

オリーブってこんな木です

オリーブの歴史

地中海沿岸の人々の暮らしを支えてきたオリーブ

オリーブ栽培の歴史はとても古く、野生種は有史以前より地中海沿岸からアフリカ北岸一帯に自生していたと伝えられています。栽培の起源は諸説ありますが、今から5000～6000年まえ、現在のトルコ、シリア、ヨルダンといった地中海東方の地域ではじまったと考えられています。
古代ギリシャ人は、オリーブオイルを「黄金の液体」と呼び、葉を生命の象徴としました。古代オリンピックでは優勝者にオリーブの冠が贈られ、有名なノアの方舟の伝説では、鳩がオリーブの枝をくわえて戻ったことで、人々は洪水が引いたのを知ったと伝えられます。そのように、古くから平和や豊穣の象徴として語られてきたオリーブは、食品として、また薬や灯火として、地中海の人々の暮らしを支えてきた重要な農作物です。
現在、オリーブの生産量はスペインがダントツ1位

で、ギリシャ、イタリア、トルコ、モロッコ、シリア、チュニジア、アルジェリア、エジプト、ポルトガルなどが続きます。

香川県、小豆島がオリーブ栽培に成功

日本にはじめてオリーブオイルが入ってきたのは、約400年まえの安土桃山時代。ポルトガル人宣教師によってもたらされたといわれています。オリーブの苗は江戸時代末期に初輸入され、明治41年に香川・三重・鹿児島で本格的な試験栽培がスタートしました。この三県の中では、香川県の小豆島が成功を収め、以来、日本国内のオリーブ生産は小豆島がリードしてきました。台風やオリーブアナアキゾウムシの被害など、オリーブの原産地にはない苦労を引き受けながら、小豆島の人たちは、たいへんな努力によってオリーブ栽培を成功させたそうです。近年は、日本国内で生産される高品質のオリーブオイルの人気が高まるとともに、国内の生産地も拡大し、香川県以外では、温暖な岡山県、広島県などの瀬戸内一帯のほか、静岡県、千葉県、九州や東北などにも広がっています。

沖縄でも北海道でも

沖縄の浦添市のカフェでは、地植えのオリーブが花を咲かせ実をつけていました。沖縄北部地域では、実を加工して、製品化され地元のファーマーズマーケットで販売されています。北海道道南からは、オリーブの魅力にハマった若い農園主さんから、地植えで越冬できるオリーブの品種が見つかったという知らせが届いています。遠く地中海沿岸から日本にやってきたオリーブは、日本の気候風土に、いまも少しずつ順応を続けているのでしょう。オリーブが私たちの暮らしにもたらしてくれる豊かな楽しみは、これから先もまだまだ増えていきそうです。

オリーブって
こんな木です

オリーブ［Olea europaea］は、モクセイ科オリーブ属の常緑の中高木です。原産地は地中海地方で、太陽と温暖な気候、水はけのよい土壌が大好き。優れた萌芽力をもち、古くから生命の象徴とされてきた樹木です。その丈夫さと銀色に輝く葉、まるくてかわいらしい実をつけることから、いまガーデンで、もっとも人気のある樹木となっています。

オリーブの生命力

生長が早いオリーブは、挿し木をして1年で30~40㎝、翌年にはその倍の高さへと生長します。とくに地植えの場合はぐんぐんと枝葉を伸ばし、成木は10mを超えます。萌芽力にも優れ、風で倒れた木や土に挿した太い枝から新芽を出すことも。樹齢がとても長く、原産地では1000年を超える老木がたわわに実をつけているのを見かけます。

オリーブの生育条件

地中海生まれのオリーブは日当たりと温暖な気候を好み、年間の平均気温が15~22度程度の場所で露地栽培が可能です。しかし耐寒性も強く、短い期間ならマイナス10度の寒さにも耐えられるので、寒い地域でも条件によっては屋外でじゅうぶんに越冬できます。それより寒い地域ではコンテナで育て、冬は軒先に入れたり玄関に移動してあげるとよいでしょう。

オリーブの花

５月から６月にかけて、品種によって「早い・遅い」がありますが、オリーブは直径５㎜ほどの小さくてミルク色をしたかわいい花をたくさん咲かせます。その様子は同じモクセイ科のキンモクセイとよく似ています。ひと房に10~30輪ほど咲きますが、そのうち結実するのはおよそ１割程度。自家受粉しにくい植物のため、違う品種を２本以上植えるとより確実に実をつけます。

オリーブの実

受粉１週間後から結実しはじめ、実が徐々にふくらんでいきます。色もグリーンから赤、紫、黒へと成熟。そのままかじると飛び上がるほど苦いのですが、塩や水などで苦味を抜いたオリーブは滋味深い味です。熟した果実を搾った黄金色の果汁は、純度100%のエキストラバージンオリーブオイルです。

オリーブの根

オリーブの根は広く浅く張ります。大きく育った木でも台風などで倒れることがあるので、地植えも鉢植えも、オリーブを植えつけるときには、支柱を立てて固定し、株がぐらぐら動かないようにしましょう。また、オリーブの根は、じゅうぶんな酸素を必要とします。水はけのよくない、土がいつもじくじくと湿っているような場所に植えると、根腐れしやすく、枯れてしまいます。

オリーブの葉

葉の表面は光沢のある緑色、裏面には白い細毛が密生しています。しなやかな枝は対生に葉をつけて茂り、風が吹くと揺れながらきらきらと銀灰色に輝きます。オリーブの葉には、ポリフェノールや鉄分、カルシウムなどが豊富に含まれ、オリーブの葉を使った健康茶も親しまれています。

オリーブの枝

今年、伸びた枝を「新梢」、昨年伸びた枝を「前年枝」と呼びます。オリーブは、今年伸びた新梢に翌年の春に花を咲かせ、その花が結実して実になります。つまり上の写真で実をつけている枝は、昨年の段階では「新梢」だった枝で、今年から見れば「前年枝」です。というわけで、今年、もしも新梢を残さず剪定してしまうと、その木は来年、実をつける枝がなくなってしまいます。どの枝が新梢なのか、よく見ておくといいですね。

花が咲いて実がなる

花芽は蕾となり、受粉の時期を迎えます。受粉の時期に別の品種の花粉と混じり合うチャンスがあれば、結実率はぐんと高くなります。そして受粉後、1週間もすれば、小さな小さな緑色の実を見ることができます。

4月下旬頃
花芽が動き出す。

5月上旬〜中旬頃
蕾が白く膨らみ、ほころびはじめる。

5月中旬頃〜
花が咲きはじめる。

花粉が飛んで……

花が終わると……

6月上旬頃〜
小さな実がふくらみはじめる。

7月上旬頃〜
緑の実は少しずつ大きくなり……

10月中旬頃〜
宝石みたいに美しく色づいてゆく。

12月下旬頃〜
やがて、黒くシワシワに。

＊関東標準。気象条件によって左右されるので、目安としてご覧ください。

point

花芽？ 葉芽？

4月中下旬頃になると、その頃に出てくる新芽が葉になる「葉芽」なのか、花を咲かせる「花芽」なのか、見極められないドキドキの時期がきます。しばらくして、新芽が花芽だとわかったときの喜びはひとしおです。

花芽

葉芽

オリーブの
いろいろな葉

オリーブの葉？ どれも同じでしょ？ と、思ったら大間違い。よく見ると品種ごとにそれぞれ違った個性をもっています。共通するのは、葉の表面はワックスをかけたようなクチクラ層で守られ、裏側は白っぽい細毛が密集していること。降り注ぐ光の中、風に揺れて銀色に輝くオリーブの葉の秘密は、葉裏の白さにあります。風がこんなに似合う常緑樹は他には思い浮かびません。

ほぼ実物大

オリーブの いろいろな実の 成熟度カラースケール

初夏、ミルク色の小さな花を咲かせたあと、オリーブは緑色の小さな実をつけ、その実は、少しずつ大きくなって、緑から黒までのグラデーションを見せながら、ゆっくりと完熟してゆきます。実の大きさも形も品種によって、いろいろ。それぞれの個性の違いも、オリーブの魅力のひとつです。
油分を含むオリーブの実は、日差しを浴びて艶やかに輝き、どんな宝石よりも美しいと私は思います。
オリーブの果実の色は、熟度のバロメーター。色が濃くなるほど成熟度が進み、オイル含有率が上がり、味や食べ方も変わってきます。実を塩水漬けにするならカラースケールの1〜3、オイルを搾ったり、メープルシロップや塩漬けにするのなら6〜7の成熟度がベスト。ただし11月以降に収穫したものは、外見が緑色でも中身の熟度が進んでいるため、塩漬けやオイルにおいしく利用できます。

アルベッキーナ
Arbequina

コラティナ
Coratina

マンザニロ
Manzanillo

スペインのハエンにある研究所が提案する果実の成熟過程8段階表示による。

ピクアル Picual　サウス オーストラリアン ベルダル South Australian Verdale　ジャンボカラマタ Jumbo Kalamata

オリーブと暮らす12ヵ月

毎日の暮らしの中に、オリーブの木を迎え入れようと決めたとき、ざっと知っておくと便利なことを記しました。けれども、「この月に、こうしなければならない」ということが厳密にあるわけではありません。目安として見てください。

剪定

植えつけ・植え替え

施肥

ゾウムシ対策

水やり／地植え

水やり／コンテナ

1月 january　2月 february　3月 march　4月 april

1月

12月の半ば頃から1月、2月、3月はオリーブの休眠期です。冬の寒さに生育は止まっていますが、じつはこの寒さは重要です。オリーブが花芽を形成して実をつけるには、冬の寒さが必要だといわれています。オリーブの花や実を見たい場合は、オリーブの鉢を常春のサンルームやコンサバトリーに取り込んでしまわずに、適度な冬の寒さに当てます。

2月

引き続き休眠期の2月のオリーブは、目に見える生育は止まっていますが、木の内部では開花の準備が少しずつはじまっています。一般的に、芽が動き出すまえのこの時期が、剪定の最適期とされています。今年の果実は、昨年の春から夏にかけて伸びた枝に実ります。木全体のすべての枝を刈り込むと、実をつけるはずの枝が失われてしまうことにもなるので、枝を間引くように剪定します。

3月

3月中旬以降になると、日当たりのよい場所に置いたオリーブはそろそろ芽吹きはじめます。生育期に入るまえの3月は、植えつけや植え替えに適した時期です。

4月

4月のオリーブは、まるで内部から生命力があふれ出すように芽吹きを進めます。枝の先端からも、枝の途中の葉のつけ根からも、小さな新芽が出てきます。毎日、注意深く見ていると、2種類の新芽があることに気づきます。展葉して葉になる「葉芽」と、小さな花を咲かせる「花芽」です。固く締まった緑色の花芽を確認できたらヨシ！ 受粉、結実と順調に進めば、秋に向かって色づく宝石みたいなオリーブの実を期待できます。

5月

品種や地域によって前後しますが、5月上旬から6月にかけて、オリーブは小さな白い花を房で咲かせます。同時期に開花する異品種のオリーブの木が近くにあれば、花粉は風で運ばれ、自然に受粉できることが多いです。確実な受粉には人工授粉にチャレンジします。

6月

受粉できたオリーブの木は、緑色の小さな実をつけ、少しずつ大きくなってゆきます。オリーブの2大害虫、オリーブアナアキゾウムシとコガネムシの幼虫に注意しましょう。台風に備えて、支柱がしっかりとオリーブを支えているか、確認しておきます。

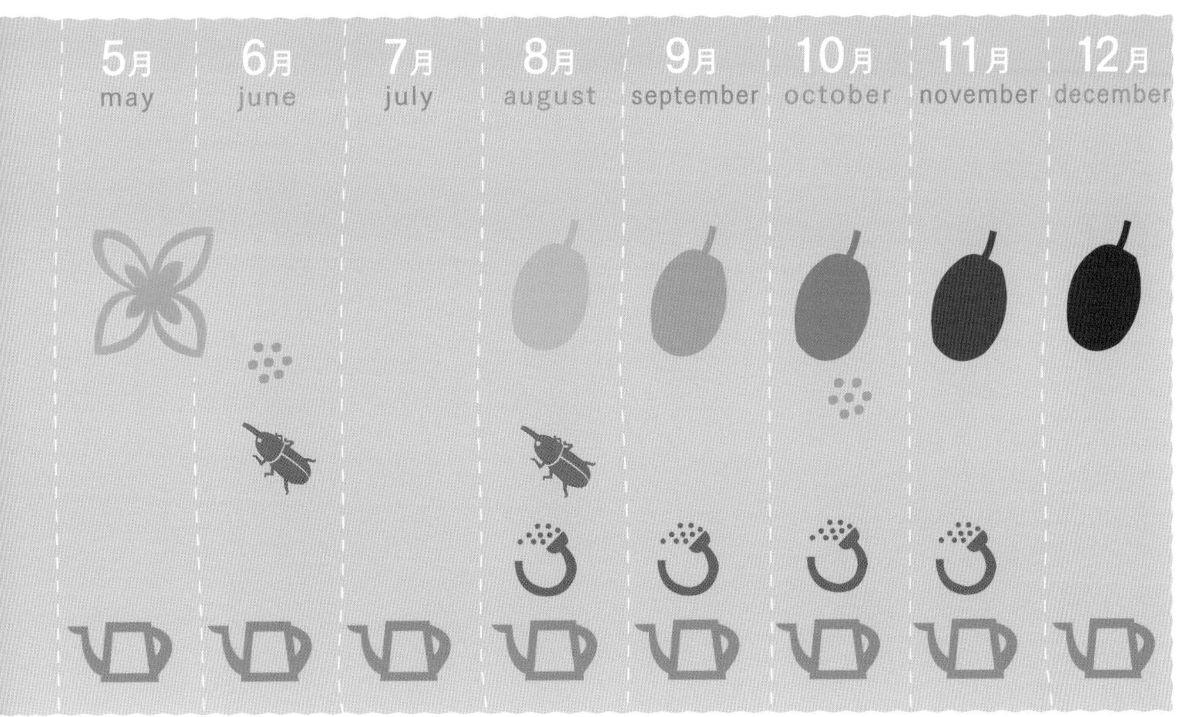

関東標準

7月 梅雨が続く日々は、たっぷりすぎるぐらいの水分が空気中にありますが、梅雨が明け、いよいよ本格的な暑さがやってくる7月から8月にかけて、突然、空気がカラカラに乾く夏の日々が始まります。気づかずに、オリーブの鉢に水を補給しないでいると、オリーブの鉢植えが水切れを起こして、せっかく実った、たいせつな実がシワシワに！ 水やりは夏の重要な庭仕事です。

8月 引き続き、8月も水切れにご注意。オリーブの実がシワシワになっているのに気づいたら、すぐに鉢ごと、水を張ったバケツにザブンと浸けます。または、すぐにたっぷり水を与えます。半日〜1日待てば、あんなにシワシワだった実がふくらんで、パツンと張りのある実に復活して、ほっとします。諦めないこと、諦めなければ復活する生命力も、オリーブの大きな魅力です。

9月 9月になると、オリーブの実は品種ごとに、それぞれの本来の大きさまで育ち、ひと落ち着きします。早いものの中には、色づきはじめるものも出てきます。

10月 10月のオリーブは、それまで実の肌がブツブツしていたものも、いつのまにかつるつるになり、少しずつ色づいてゆきます。オリーブの実の色は、スタートが緑でゴールが黒。緑から黒までの色の変化の美しさを、満喫できるのが10月から11月です。

11月 11月も実の色の変化を楽しみます。黄緑色からピンク色を経て、紫、黒へと変わるもの、緑から紫、黒へと色づくもの等、いろいろです。サウス オーストラリアン ベルダルやドマットは、ピンク色がとてもきれいです。オリーブの実はこんなにきれいなんだ、と初めて知ったのは、トルコで初めてドマットを見たときでした。

12月 12月に入っても、よく熟した実が、まだ枝々に残っていることがあります。木につけたまま眺めて楽しみたい、と思っても、名残りの実はそろそろ取り除きましょう。長く実をつけていると、木が疲れ、翌年の実のつきかたが少なくなります。逆に、実が緑色の頃にさっさと収穫してしまえば、オリーブは毎年、よく実るそうです。実を維持することが、木にとって大仕事だということが、よくわかります。

オリーブの小枝をひと巻き

オリーブの小枝をくるりとひと巻きするだけで、霧吹きが新鮮に。ハートの形のオリーブの葉が、きっと幸運を呼びます。

オリーブのヘッドドレス

たわわに実のついたオリーブの枝をヘッドドレスに。（花結い師 TAKAYA作、モデルはトルコ在住のラーレちゃん）

オリーブの髪飾り

髪をゴムでひとつにまとめて、そのゴムのところに実のついたオリーブの枝を挿しただけの髪飾り。オリーブの品種はドマット。

オリーブの円形リース

ざっくりと円形にまとめたリース。実や葉の大きさによって、雰囲気の違うリースができあがります。

第2章

オリーブを育てて楽しむ

GROUNDEDのテラスに置いた小さなオリーブに水をあげる八ツ田蓮人くん

オリーブを元気に育てる5つの条件

オリーブは特別な世話をしなくても枯れてしまうことのない、とても丈夫な果樹です。でも、幼木のうちから支柱を立てたり、適度に剪定したり、忘れずに肥料を与えたり、というように、少し手をかけることで、見違えるほどよく育ちます。世話をすることが、早く実を見ることの近道でもあるのです。

風

風通しがよくない場所では、湿気がこもり、カビやダニなどの害虫が発生しがちです。つねに枝の奥まで光が当たり、風通しをよくするように枝を剪定しておくと、枝葉が生き生きと育ちます。元気な木には、病気や虫もつきにくくなります。

光

地中海沿岸の、明るい光がさんさんと降り注ぐ場所を故郷とするオリーブは、太陽の光が大好きです。日当たりのよい場所に植えて、日照を確保しましょう。じゅうぶんに光を浴びて育ったオリーブは、生気にあふれ見るからに元気そうです。

水

乾燥に強いと思われがちなオリーブですが、もちろん水は必要です。水はけのよい土に植えて、水を切らさないように注意します。地植えの場合は、しっかり根づいてからは定期的な水やりの必要はありませんが、鉢植え、コンテナ栽培の場合は1年を通して土が乾いたらたっぷり水を与えます。とくに花芽の分化する冬と結実期は水を切らさないようにしましょう。

水はけのよい土に植えます。肥料は、地植えなら枝の先端の真下あたりに円を描くようにまき、土とよく混ぜ合わせます。鉢植えなら鉢の縁近くに固形肥料を置き肥すると、根が肥料分を吸収しやすいです。

土

水はけのよい土

オリーブは水はけのよい土が大好きです。地植えの場合は、水はけをよくするための土壌改良剤として、赤玉土、パーライト、土をやわらかくするための堆肥を入れて土とよく混ぜます。

弱アルカリ性の土

オリーブは中性〜弱アルカリ性の土壌を好みます。日本の土は大抵の場合酸性であることが多いため、苦土石灰を混ぜてpH（酸度）を調整します。土のpHは6.5~7.5を保つように、植えつけの1カ月まえには苦土石灰を施して酸度を調節しておきます。苦土石灰の量は、パッケージに記された量を基本に。

鉢植えに使う土は

鉢植えの場合は、培養土に、排水性を高める小粒の日向土や赤玉の小粒をミックスしたり、アルカリ性を高め、微生物が増えるようにくん炭を混ぜるのがおすすめです。土の排水性は、水やりをしたときに水がたまらず、すーっと引く状態が理想です。

初心者の方は、pH調整が施され、肥料成分、微量要素配合、排水性に富んだオリーブ専用の土を使えば失敗しません。

追肥が必要なサイン

葉色が先端から半分くらいまで黄色くなったら、追肥が必要なサイン。植物の生育に欠かせない鉄、マンガン、ホウ素、マグネシウム、カルシウムなどの微量要素が足りない証拠なので、追肥で栄養補給をすることが必要。

健全な生理的落葉

常緑樹のオリーブは、落葉樹のようにいっせいに葉を落とすことはありませんが、新しい葉が出てくると、入れ替わりに不要になった葉が落ちます。健全な生理的落葉なので、心配ご無用！

肥料

オリーブには必ず肥料を与えて

オリーブは、バラと同じで肥料食いです。肥料をやらないと新芽が出ないし、葉の色も黄色がかってきます。必ず肥料を与えてください。

施肥は年3回、3月・6月・10月が基本

施肥のタイミングは、花芽が動き出す3月、実が充実する6月、実を収穫したお礼肥えの10月の、年3回が基本です。有機肥料の場合も化成肥料の場合も、窒素（N）、リン酸（P）、カリ（K）が等配合の、微量要素を含むものが使いやすいでしょう。パッケージに記された規定量を基本に、とくに3月の施肥は忘れずに。

オリーブを地植えで楽しむ

オリーブの木の本来の姿を見ることができるのが「地植え」です。オリーブの枝は、どう伸びて、どう茂る？ その土地に根をおろしたオリーブの木は、独特の存在感を放ちはじめます。遥か地中海沿岸の原産地の国々から、日本にやってきて、まだわずか100年ほどのオリーブですが、ここ、群馬県板倉町の「小倉園」の古い養蚕室のある景色によくなじんでいます。左側に見えるのは柿の木。オリーブの実が色づく季節と、柿の実が熟す時期は、ちょうど同じ頃です。

「小倉園」に残る養蚕室を背景に、新梢を茂らせるオリーブ。右はカヨンヌ、左奥はジャンボカラマタ。オリーブが色づく秋には柿の実も熟して食べ頃に。

オリーブの地植え 植えつけの手順

いったん根づいてしまえば、水やりの手間がいらないのが地植えのよいところです。植えつけは真夏と真冬を避ければ通年OKですが、3月～4月がベストです。
（オリーブ地植え指導／小倉敏雄）

1 直径50㎝くらいの穴を掘ります。地面にスコップで目安になるように円を描いておきます。

2 植え穴はある程度の深さが必要です。深さ50cmmくらいは欲しいかな。どんどん掘り進みます。

3 掘っているうちに、だんだん穴の底が狭くなりがちなので、できるだけ垂直に掘るのを心がけて。

4 穴のそばに掘り上げておいた土に、必要な土壌改良材、肥料などを混ぜ込みます。（p29参照）

5 土と資材が均一になるように、よく混ぜ合わせます。こんな感じに混ざっていればOK。

6 資材をブレンドした土を、掘った植え穴に戻します。

7 底に戻した土の量が足りているかどうか、スコップで深さをはかり、オリーブを植える高さを検討。

8 オリーブを鉢から出すときは、幹をしっかり持ち、真上からトンと鉢の縁を叩きます。

9 真上から鉢の縁を垂直に叩けば、根鉢はこんなふうに、ストンときれいに抜けます。

10 新しい土となじみやすいように、根鉢の肩を少し落として。

11 細い白根がしっかり根鉢にまわっているのは、生育状態良好な証し。

12 植え穴の真ん中に株を置き、地表から少し高くなるように調整。オリーブは水はけを好むので高植えに。

小倉敏雄
「小倉園」当主。オリーブと出会い、オリーブの魅力を追求。オリーブの品種の豊富なラインナップ、上質な苗木の提供、優れた剪定技術によって、当代一の定評をもつ「オリーブの小倉園」を育て上げる。

13 深植えにならないように、植え穴の底の土の量を加減しながら、土を戻していきます。

14 土を株のまわりに盛り、落ち着くように、株元を足で軽く抑えます。

15 株のまわりにドーナツ状に土を盛って土手を作り、水鉢を作っておきます。

16 3本支柱を立てます。ここでは、シーンを引き締める黒い支柱を選びました。

17 支柱は1本よりも、2本よりも、3本がいちばんよく安定します。

18 土が根の間にも入るように、時間をかけて、じっくり水を注ぎ入れます。

19 根の隙間に空洞ができると、そこから根が腐ることがあるので、「水ぎめ」で土を落ち着かせます。

20 忘れないつもりでいても、「あれっ?」と忘れることがあるので、枝か幹に名札をつけておきます。

point

オリーブの地植え3つのポイント

植える場所を選ぶ

水はけがよく、風通しがよく、日当たりのよい場所がオリーブは大好きです。地植えの場合は、そうそう植え替えはできないので、よく考えて場所選びを。

深植えは× 高植えが○

根元が土中に沈まないよう、少し高く土を盛っておくと、根元に水がたまらず、水はけのよい状態を保てます。

支柱を忘れずに

根元がぐらつくと、オリーブが土の中にしっかりと根を張ることができません。ちゃんと根が張るまで、オリーブを支える支柱を忘れずに立てましょう。

オリーブの木に花が咲くと

「南フランスの片田舎」の雰囲気をコンセプトに、バラの花に包まれてひっそりと佇む隠れ家風のカフェの名前は、ラ・ローズデバン。小さな花なので、なかなか気づいてもらえませんが、オリーブの花の咲く時期は、ちょうどバラの花の開花と重なる5月中旬から下旬にかけて。カフェのオリーブも、たくさん花を咲かせています。

ラ・ローズデバン ～バラの風～（静岡県）

オリーブの実が色づくと

絵本の中のパン屋さんのような建物に、オリーブの木がよく似合います。焼きたてパンが人気のプラリネ高崎菅谷本店。お客様の出入りのじゃまにならないように、オリーブの木は下枝を落としてスタンダード仕立てに。風通しも日当たりもよく、毎年、たくさん実をつけます。実が色づいて、そろそろ収穫の準備です。

プラリネ高崎菅谷本店（群馬県）

オリーブを鉢植えで楽しむ

鉢植えのオリーブは移動できるので、生育に最適な、日当たりのよい環境を選んで置けるのがよい点です。スペースがあまりなくても、数多く育てることができ、剪定によって好きなサイズで楽しめるのも鉢植えの利点です。早く実を見たければ、地植えよりも鉢植えのほうが実がつきやすい、ということもポイントですね。

オリーブの鉢植え 用意するもの

1　オリーブの苗木

「実」を楽しみたい方は、6月〜11月頃、オリーブが実をつけている時期に、実をつけた株を見て購入するのが確実です。オリーブは、花を咲かせて実をつけるようになるまでに時間がかかる品種もあるので、早く実を見たい方は、すでにそこまで育った木を選びましょう。子供の誕生記念樹などには、2000円以内で買える小さな苗木もいいですね。大きく育つ過程を楽しめます。

2　鉢

オリーブの苗木のサイズと置く場所に合わせて選びます。

3　土①

水はけのよい培養土を選びます。普通の培養土の場合は、砂やつぶれにくい硬質の赤玉土の小粒や日向土、くん炭などをミックスして、水はけをよくしたものを用意します。

4　土②

鉢を置く場所がベランダなどの場合、5〜6年は植え替えをしなくてすむバイオゴールドの土「ストレスゼロ」がおすすめです。団粒構造をキープするので、水はけがよく、しかも水もちもよく、植物にとってよい根の環境を整えてくれる土です。少し高価ですが、その価値はアリ。

5　ソフトワイヤーなど

ギュッとねじるだけで留めつけられて、便利です。

6　名札

木製の名札には、品種名を鉛筆で書いておくと消えにくいです。

7　支柱

苗のサイズから見て、おおげさかな？というくらいの支柱が頼りになります。

8　肥料

元肥として緩効性の化成肥料、有機肥料などを用意する。

9　鉢底ネット

土が流れ出たり、虫が外から鉢の中に入るのを防ぎます。

point

よい苗の選び方

「お、かっこいい！」と、第一印象で感じたオリーブの苗木を選べば、きっと正解です。

＊早く実を収穫したい場合は、5年生以上の苗木を選びます。

オリーブの鉢植え 植えつけの手順

植物にとって、いちばんたいせつなのは「根」です。根が健やかに育っていれば、地上部も元気に育ちます。鉢植えは、地植えよりも根の環境が限定されるので、手を抜かずに丁寧に作業しましょう。合言葉は、「きっちりやれば、ちゃんと育つ」!

1 株元を持ち、右手をグーにして、真上から真下に鉢の縁をトンと叩くと、根鉢がストンと抜けます。

2 新しい土がたくさん入るように古い土をできるだけ落とし、伸びやすいように根をほぐしておきます。

3 白い根がたくさん出ているのは、よく育っている証拠。これからどんどん大きく育つでしょう。

4 切りすぎないように、「前髪をそろえる」感じで、根の先を切っておくと、根も倍々ゲームで増えます。

5 こんな感じでOKです。根が新しい土に向かって、どんどん伸び広がりやすい状態です。

6 鉢の底にネットを置きます。鉢の中の土が、外に流れ出ないように、虫が鉢の中に入らないように。

7 培養土に、パッケージに書かれた規定量の肥料を、元肥としてあらかじめ混ぜ込んでおきます。

8 根鉢の大きさを考えながら、鉢の3分の1ぐらいの高さまで、7で作っておいた土を入れます。

9 苗を鉢の真ん中に置いて、高さを見ます。土の表面が鉢の縁より1.5cm低くなるように土で加減して。

10 株と鉢の間に両手を垂直に差し込んで、株が鉢の中でしっかりと安定するようにギュッギュッと抑えます。

11 ウォータースペースを確保しつつ、土を足します。いちばん大事な根の環境を左右する作業は丁寧に。

12 土の表面をきれいに整えます。見た目がきれいな状態が、植物にとっても気持ちのいい環境です。

point

植えつけ時に樹形を整え、ソフトピンチで枝数を増やす

めぐる季節の中、植物は、「待った」がききません。「今できることは、今やる!」でいくのが正解です。植えつけ時に樹形を整え、新芽をピンチして枝数を増やすところまでやっておけば、適期を逃すことなく、オリーブはよく育ちます。

13 植えつけ時に樹形を整えます。トピアリーに仕立てたいので、下のほうの枝は切ることに。

14 枝が混み合っていたら、いらない枝を切りましょう。切れば切るほど、新しい芽が出てきます。

15 すべての枝の先をピンチします。ピンチすると、そこから2本、枝が伸びるので枝数が2倍に増えます。

16 ハサミを使わず、新芽の先を指で摘んでもOK。枝数を増やせば、実の収穫量も増えますからね。

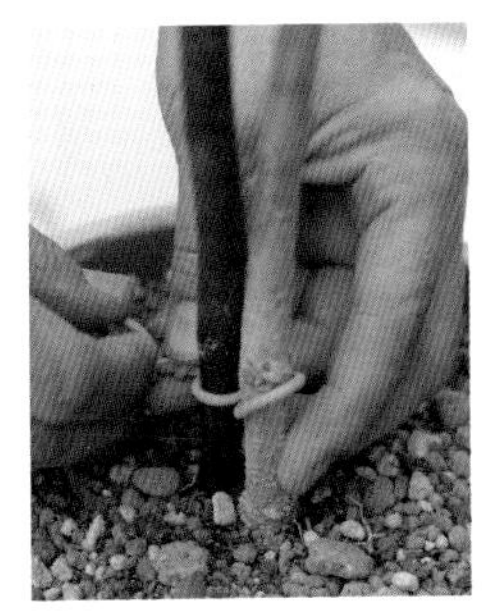

17 鉢植えも、地植えと同じように、忘れずに支柱を立てましょう。まず、根元をワイヤーで支柱に留めます。

18 次に、もう1カ所、幹の上のほうを支柱に留めて。品種名を記した名札は幹に留めます。

19 植え替え作業が完了したら、すぐに水をたっぷりあげましょう。鉢底から流れ出るくらい。

20 これで植えつけ完了です。新しいオリーブの苗が、メンバーに加わりました。

これはこれで、動きがあっておもしろい樹形だと思いますが。

スタンダード仕立てをイメージして、下枝を切り、枝葉を上のほうに集めています。主幹を1本にして、株元をすっきりさせると、樹形としてきれいにまとまります。

鉢植えのオリーブの水やりと施肥

鉢に植えた植物は、水やりを忘れると枯れます。けれども、四六時中、土がじとじと湿っている状態だと、根腐れを起こします。鉢底から流れ出るくらいたっぷり水をあげた後、そろそろ水が欲しいと植物が求めるタイミングに合わせて、水を与える。「水やり3年」といわれるように時間がかかりますが、そのリズムを自分でつかみましょう。

鉢に植えたオリーブの木に水をあげるGROUNDEDの八ツ田浩章さん。

水やりのタイミング

オリーブは、水切れを起こしていても、見た目ではわかりにくい木です。ただし、新芽と実には、わかりやすい水切れのサインが示されます。写真のように、新芽がくたっとしおれていたり、実がシワシワになっていたら、タイヘン！ 水切れです。すぐに鉢底から流れ出るまで、たっぷり水をあげましょう。新芽は2時間ほどでシャンとなり、シワシワだった実は半日から1日くらいで、つるんと元に戻ります。ただし、限界を超えないように。

新芽がしおれてしまった！

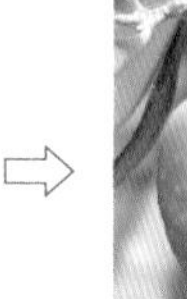

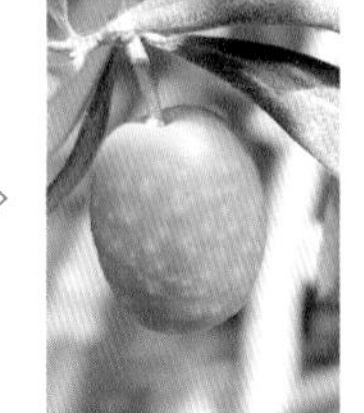

実がシワシワになってしまった！

肥料

窒素(N)、リン酸(P)、カリ(K)が等配合された、微量要素を含む有機質肥料や緩効性化成肥料が適します。

施肥のタイミング

鉢植えのオリーブに肥料を与えるタイミングは、基本、年に3回。3月、6月、10月です。施す量は、肥料のパッケージに示された規定量に基づいて。

鉢の縁にそって適量の肥料を置く。

オリーブの盆栽と大きな鉢植え

マンザニロ　Manzanillo

小さな鉢植え オリーブの盆栽

「よその国を旅してドングリを拾ったら、持って帰って盆栽に仕立てる。ボクの庭は狭いけれど、盆栽なら世界中の森を集められるからね」と、昔、イタリア人のカメオ作家さんから聞いたとき、私の中で盆栽のイメージが急上昇しました。いつか、世界中のオリーブの盆栽が集まる、オリーブの森を見れたら楽しそうです。写真は15年くらいまえに、スペインから届いたオリーブの盆栽。品種はマンザニロ。葉が小さめで、盆栽に仕立てやすい品種です。オリーブの盆栽は、砂をブレンドした水はけのよい土を使って、盆栽用の鉢に植え、根と地上部のバランスを見ながら樹形を作ってゆきます。花を咲かせ、実をつけたオリーブの盆栽はみごとです。世界中で愛されるBONSAIの風格を備えている、と思いますが、いかがでしょう？

オヒブランカ　Hojiblanca

大きな鉢植え 100年オリーブ

「豊かな生活」をテーマにした群馬県前橋市のセレクトショップ『パワジオ倶楽部・前橋』のシンボルツリーは、樹齢約100年のオリーブの木です。スペイン原産のオヒブランカという品種で、大きな実をつけるのが特長です。2015年1月の時点で、幹の周囲が110cm。トラックで運ばれてきたこの木は、クレーンで吊るして敷地内に入れ、周囲を板で囲った巨大な植木鉢に植えられています。ソフトピンチで枝数を増やすことによって、毎年、たわわに実をつけた、豊かな光景を見せてくれます。

オリーブの鉢を置く場所は？

鉢植えのオリーブが、いつも元気で生き生きしているために必要不可欠なものが「日当たり」です。一日中、よく日の当たる場所に置きたいものですが、なかなかそうはいきません。少しでも長く、太陽の光の差す場所を見つけましょう。オリーブが元気をなくし、くすんで見えたら、鉢を太陽の光が降り注ぐ場所に移動させて光のシャワーを浴びさせます。

普段は日当たりのよいバックヤードに置き、お客様を迎える日には玄関に移動、というのもよい方法です。玄関まわりをスタイリッシュに演出。

玄関まわり

季節によって、太陽の動きは変わります。夏至（6月22日頃）の日、太陽はもっとも高く上り、高い空を通ります。冬至（12月22日頃）の日には、いちばん低い空を通ります。同じ部屋で観察すると、夏、高い位置からベランダまで差した光が、冬には低い空から差すため部屋の中まで届くのは、太陽の高度が変化するからです。実際の日当たりは、周辺の建物などによっても変わるので、季節による１日の太陽の動きを見ながら、オリーブの鉢を置く位置を工夫します。左の写真の玄関では、オリーブの鉢はできるだけ手前に置くほうがよく日に当たります。向かって右の鉢も左の鉢と同じように階段から降ろしたいところです。わずか階段１段分でも、オリーブにとっては、日当たりに大きな差が出てくるということです。

オリーブの木に止まるカラス。遠景には東京スカイツリー。

「朝倉彫塑館」屋上のオリーブの木
明治・大正・昭和と、日本の彫刻界をリードした朝倉文夫が自ら設計し、東京都台東区谷中に建てた住居兼アトリエ。その屋上にはオリーブの木が、どっしりと根をおろしています。左は白い花の咲くナシの木。周辺の桜の花があたりをピンク色に染めて、まさに春爛漫の空のガーデンの光景です。

屋上

日当たりがよく、風通しのよい場所といえば屋上。オリーブが好む条件を備えています。課題は、風が強すぎるとオリーブが根を張りにくいこと。根づくまでは支柱が必須です。また、オリーブの根は意外に浅いので、台風などの強風対策も必要です。

都心のテラス

ビル群に囲まれた都心のテラスでは、日照の確保が課題です。大きな木製テーブルの中央を四角く切り取って、オリーブの鉢をセット。同じように四角く切り取られた空から、太陽の光が降り注ぎます。オリーブにとって、じゅうぶんな日照ではありませんが、頑張ってくれています。

東京都南青山のレストランNARISAWAのラボのテラス。世界的に高く評価されるイノベーティヴ里山キュイジーヌを発信するオーナーシェフ成澤由浩さんと一緒に。

鉢植えオリーブのエスパリエ仕立て

オリーブは枝数が増えるほど実がたくさんつき、実の収穫を楽しめます。ところが枝数が増えると、どうしても枝が混み合って、光と風が木の内部まで届きにくくなります。そこで、麻紐をかけてエスパリエ風に枝を誘引し、どの枝にもじゅうぶんに光が当たるように仕立てます。昨年の新梢を切ると、今年は実を望めませんが、樹形ができれば次の年に、たくさん実ります。

このまま育てると、枝がうっそうと茂って、内部の枝葉には光と風が届きにくくなりそうです。

主な枝を大きく広げるように誘引しておくと、これから枝が茂っても、光は広げた枝の中に降り注ぎ、風もここちよく枝の間を通り抜けてゆくでしょう。

1 まず、枝をどの向きに広げていきたいかをイメージします。

2 糸切りリング。使いやすい指にはめて使用。ハサミに持ち替える手間がはぶけて便利。

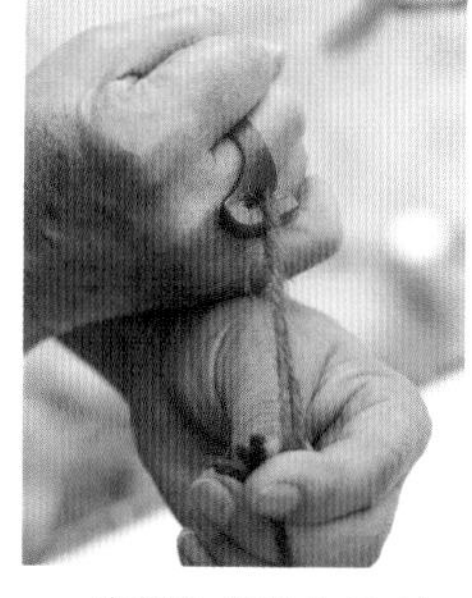

3 麻紐を必要な長さに切っておきます。

4 イメージに合わせて枝を1本ずつしならせながら麻紐をかけて引っ張り、鉢に巻いた麻紐に結びつけます。

column

たくさん実がついた!

2017年に仕立てたオリーブが、2019年の秋に実をつけて。品種はアザパ。麻紐が朽ちる頃には、樹形も定まり、新しい枝が増え、たくさん実をつけています。実をつけたオリーブの鉢植えは、鑑賞価値もよりいっそうアップ! 小さな緑色の実が、大きく育って、少しずつ色を深めていく様子を、長く楽しめます。

鉢を選ぶ

通気性と排水性のよいテラコッタの鉢はオリーブにぴったり。でもずっしりと重量があるため、とくに大きな鉢となると移動しにくいのが難点です。最近は、プラスティック素材で通気性のよいものが登場し、サイズも豊富、値段も手頃。ライフスタイルや好みに合わせて、いろんな素材の鉢を選ぶのもコンテナ栽培の楽しさです。

ブリキの缶

熱さ寒さ対策に、内側にエアパッキンを1枚入れることで、ふつうの鉢に近い環境を作れます。

陶器の鉢

オリーブの小さな鉢を室内で楽しみたいとき、高さ20cmほどのクリアな色の陶器の鉢が素敵です。通気性がよくないので、鉢底に大きめの穴が空いているものを選びます。室内に持ち込んで楽しんだら、またすぐ、外に出して光と風をふんだんに！

スリット鉢

スリット鉢は、水はけがよく、根腐れを防ぎます。また、オリーブの根は新鮮な空気を好むので、通気性に富んだスリット鉢の中でよく育ちます。オリーブのように水はけと通気を好む植物には、スリット鉢がおすすめです。

テラコッタの鉢

好きな色にペイントして、置く場所に合わせた雰囲気作りを楽しめます。

プラスティック鉢

プラスティックの鉢はそれ自体が軽量なので、大きな鉢植えにも向いています。持ち手がついていると移動に便利です。

オリーブの鉢植え 植え替えの手順

オリーブをずっと同じ鉢に植えたままにしておくと、根が張りすぎて詰まり、生長が止まってしまいます。土の表面が固くなっていたり、鉢底穴から根が飛び出していたら植え替えの合図です。３年に１回程度は植え替えをしましょう。オリーブを同じサイズで楽しみたいときは、根と枝を整理して、また同じ鉢に植えてもいいし、より大きく育てたいときは、根鉢よりもひと回りかふた回り大きな鉢を選びます。土は元肥入りのものを選ぶと、ラクに植え替えができます。

根が土の表面に浮き上がってきたら植え替えのサイン。

point

大きな鉢の植え替え 3つの頑張りどころ

1 大きな鉢は重い

土の重さも加わって、大きな鉢の重量はかなりのものになります。３年に１度の植え替え時には、助っ人を頼みます。ひとりで頑張ると腰を傷めかねません。

2 根がまわっていると鉢から抜きにくい

鉢と根鉢のあいだに園芸用のナイフを差し込んで隙間を作ると、抜きやすくなります。シートの上に鉢を寝かせて、幹の根元をしっかり持って、引っ張って抜きます。

3 古い土の中にコガネムシの幼虫！

植え替え時は、普段、わからない土の中の根の状態をチェックできるチャンスです。この日は、コガネムシの幼虫を発見！ よく見て、取り除きます。新しい土は、オリーブが好む、保水性をもつと同時に水はけのよい土に。コガネムシの幼虫が好む土は、湿り気を帯びた腐葉土のような土なので、オリーブを植える土を、さらさらした土に換えれば、コガネムシの幼虫にとっては居心地の悪い土となります。

5STEPで植え替え完了！

1　えいっ！と思い切って鉢から抜く

大きな鉢で数年育ったオリーブは、根が張って鉢から抜けにくいことがあります。そんな場合は、ナイフやノコギリなどで鉢と根鉢の間に隙間を作ると引き抜きやすくなります。

2　根の状態をチェック

根腐れはしていないか、コガネムシの幼虫に根を食べられていないか等、根の状態をチェックします。

3　根洗いと根切り

鉢から出したオリーブの根鉢を、バケツに用意した水に浸けて洗います。固まってしまった根鉢は、根に酸素が届きにくいので、古い土を洗い落として根のリフレッシュをはかります。腐った古い根を切って取り除き、新しい細い根の発根を促します。活力剤(＊1)を加えた水をバケツに用意し、30分〜1時間ほど根鉢を浸けておきます。

(＊1)天然活性液「バイオゴールドバイタル」を使用。

4　水はけのよい土で植えつける

水はけのよい、さらさらの土(＊2)を鉢に入れ、肥料を加えます。

(＊2)「バイオゴールドの土　ストレスゼロ」を使用。

鉢の底に鉢底ネットを敷いて、土を入れ、ウォータースペースを確認しながら植えます。

手触りのよい土をさらさらと鉢に入れて。

清潔感のある白い土は、見た目もきれい。

5　たっぷり水やり

大きな鉢のオリーブの植え替えが完了。これで、当分、大丈夫です。

オリーブの剪定

オリーブを育てる上で、たいせつなのが剪定です。実がつく、つかないは剪定しだい。木を若返らせるためには、強剪定が必要です。また、剪定によってどのような樹形にも仕立てることができます。「剪定を制した者は、オリーブを制す！」。失敗を恐れずに、チャレンジしてみましょう。

（オリーブ剪定指導／小倉卓磨）

なぜ剪定が必要なの？

1 オリーブは萌芽力が強く、生育が旺盛な樹木なので、放っておくと枝葉が重く茂りすぎてしまいます。

2 枝が茂りすぎると、木の内部まで光や風が入りにくくなり、病害虫の発生をまねきます。

3 オリーブの木が健やかに育ち、たくさん実をつけるには、風通しのよい環境で、枝や葉が太陽の光をふんだんに浴びることが必要不可欠です。

4 うっそうと茂って樹冠が重くなりすぎたオリーブの木は、台風などで突風をまともに受けて倒れることも！ 剪定によって風を逃すようにしておきます。

5 暮らしの中で、人のじゃまにならないように、通路などに枝を伸ばしたオリーブの樹形を整えることもたいせつです。共存共栄をめざして。

小倉卓磨
小倉園二代目、次期代表。幼少の頃からオリーブおよび植物に親しむ。東京農業大学造園科学科出身。卒業後は都内の有名園芸店での修行を経て実家に戻る。小倉園では主にオリーブの剪定を担当。これまでに数万本を越すオリーブを剪定してきた、剪定のプロフェッショナル。趣味はジャズピアノ演奏。

オリーブの剪定7つの法則

できるだけ新梢を残しつつ、混み合ったところを中心に枝を取り除きます。整理するべき枝は次の7つです。

4 下向きの枝

下向きや下垂した枝は木に負荷がかかるので切る。

1 交差枝

交差している枝は、バランスを考えてどちらかを切る。

5 平行枝

平行に伸びた枝は日が当たりにくい方の枝を切る。

2 複数出た枝

同じ場所から複数出ている枝は1枝か2枝残して切る。

6 二股に分かれた枝

同じような強さで二股に分かれた枝はどちらかを切るか、バランスを見て両方を伸ばす。

3 逆さ・内向枝

内側に向いて伸びる枝はじゃまになるので切る。

7 ひこばえ

親株に栄養を行き渡らせるため地際から切る。

めざせ！
オリーブの剪定じょうず

オリーブは、切ったところのすぐ下の葉と同じ向きに新しい芽を出して枝を伸ばします。伸ばしたい向きの葉のすぐ上で切れば、望み通りの向きに伸びる新しい枝を作れます。知っていれば、剪定じょうず！ 好みの樹形を作れます。

1対の葉の少し上で枝を切ると……

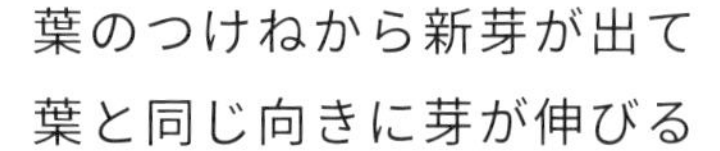

葉のつけねから新芽が出て
葉と同じ向きに芽が伸びる

point

剪定に必要な道具をきちんとそろえて

切れないハサミやノコギリを使うと木を傷めます。
フィットする手袋は作業を楽しくしてくれます。
使いやすい道具を用意しましょう。

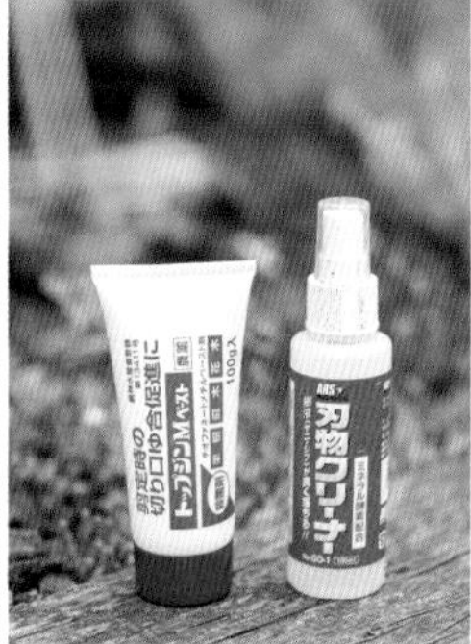

手袋／サイズの合ったものを選んで。
ハサミ／枝が裂けたり、樹皮がはがれないよう、ハサミはよく切れるものを選び、刃物クリーナーなどで手入れをしましょう。
ノコギリ／折りたたむと13㎝。コンパクトでよく切れる「みきかじや村のプラントハンターミニ」がおすすめです。
薬剤／太い枝の切り口を保護する癒合剤と、刃物クリーナーを常備して。

オリーブを好みの樹形に仕立てる

オリーブは品種によって樹形がさまざまですが、苗の頃から剪定をしていくことで理想の形に整えることができます。スリムに仕立てたいときは横に出た主枝を間引くことで上へと伸ばし、低く抑えたいときは中心の主幹の上部を切り落としてこんもりと仕立てます。好みの樹形に仕立てられるのもオリーブの木の魅力です。

＜剪定まえ＞　＜切った後＞　＜その後の生長＞

Before

この苗木を剪定してみましょう。

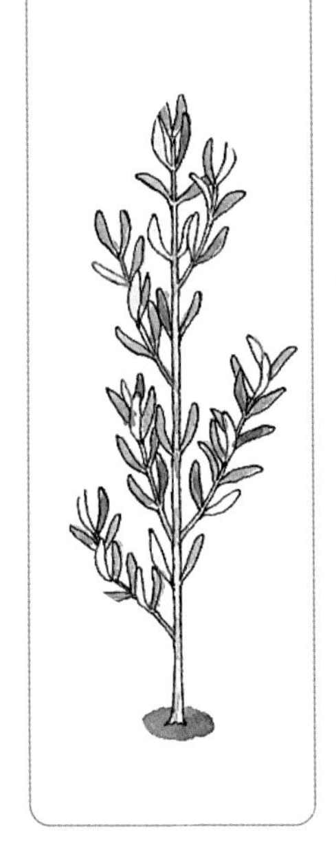

typeA
弱い剪定

主幹のトップだけを抑える

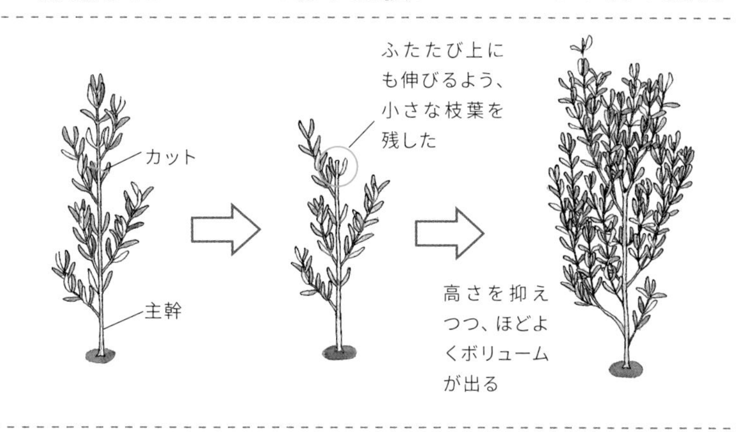

typeB
収穫向きの剪定

主幹を低めに抑え、主枝も数本カット

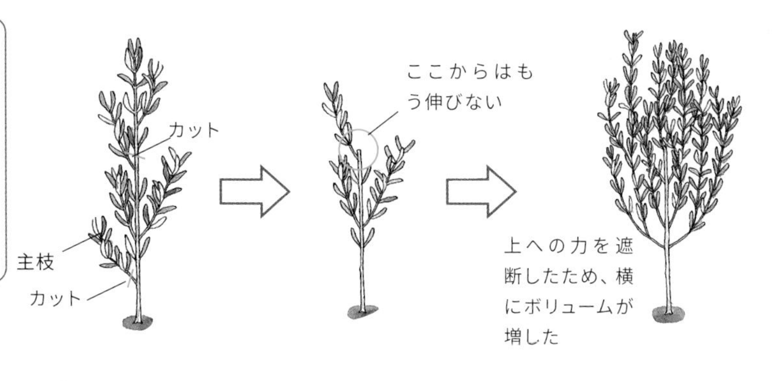

typeC
高さを出す剪定

主幹を1本にし、主枝を間引く

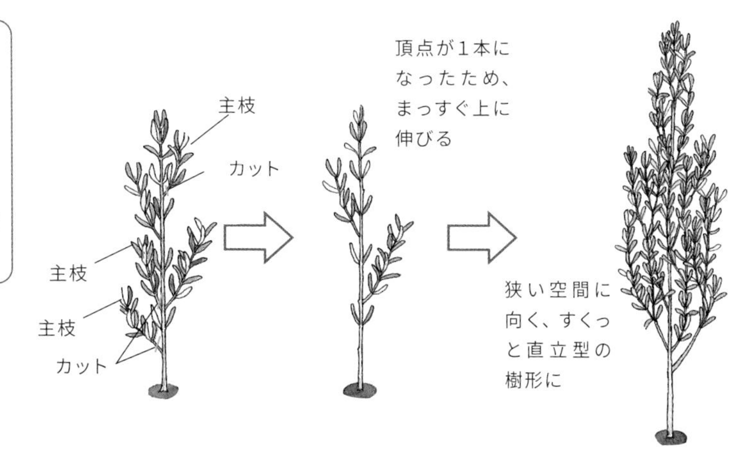

イラストは「Pruning and Training Systems for Modern Olive Growing」を参考

強剪定で
オリーブは若返る！

東京都江戸川区の田島かをるさんから「育ってきたオリーブの木がもっと生き生きするように剪定したいのですが」との相談を受け、お手伝いに。田島さんご夫妻といっしょに、オリーブの強剪定の実習です。太めの枝もどんどん切っていくと、オリーブの木はあっというまに建物にマッチした美しいシンボルツリーへと大変身。萌芽力の強いオリーブはすぐに芽吹いて、3～4カ月後にはかっこよく決まりました！

6月 剪定まえ

剪定後

10月

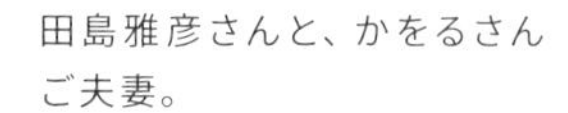

田島雅彦さんと、かをるさんご夫妻。

自家焙煎ブレス・ミー珈琲
(cafe BLESS me)
東京都江戸川区瑞江3-16-3
TEL.03-3677-5223

point

枝の切り口は
癒合剤を塗って保護

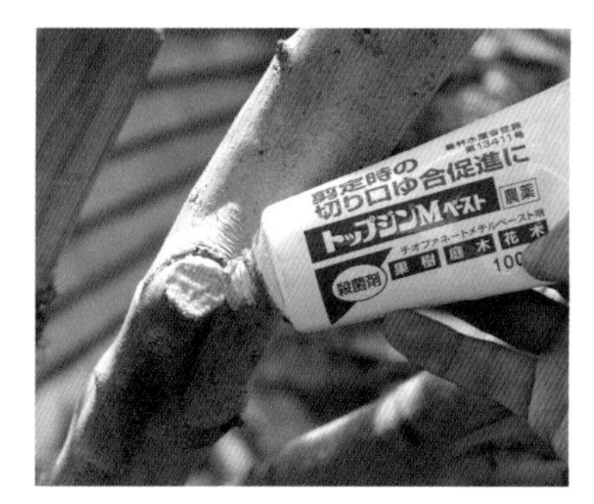

太い枝を切ってできた切り口は、樹木用の殺菌剤入りの癒合剤を塗って保護します。放っておくと、切り口から雨水や病原菌が入って腐ることも。融合剤には、切り口を早くふさぐ効果もあります。

オリーブの強剪定って、どこをどう切るの？

まず主幹を1本決め、抑えたい高さまで切ります。庭の広さにもよりますが、収穫や管理がしやすいのは2～3mくらいまでの樹高です。次に枝が左右交互に出るように、また上から見たときに放射状になるように不要な太い枝を切ります。残した太い枝は、光合成ができるようにそれぞれ葉がついた枝を1～2本ずつ残して切りつめます。強剪定の翌年は実がつきませんが、2年目には元気な枝がたくさん出て樹形も整い、実もぐんとつきやすくなります。剪定で切った太い枝で、太木挿し(p56)にチャレンジしてみると、楽しみが増えますね。

剪定枝を使った太木挿しも成功！

1 樹形をイメージする

建物と調和する、すっきりときれいな樹形にしたい。

2 剪定の方針を立てる

①オリーブの木の株元の太い枝を切って、樹形をすっきりさせる。
②オリーブの木のフォルムがきれいに出るように、混み合った枝を切る。

●足元の枝を切り落とす

足元の枝は思い切って切り落として、樹形をすっきりさせます。

切り口に癒合剤を塗って保護します。

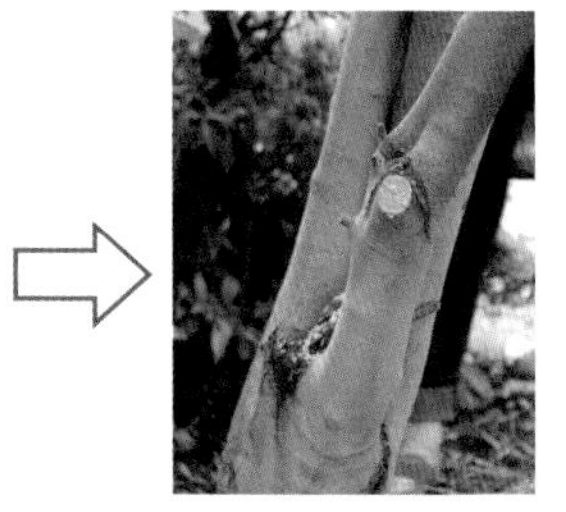

これで安心。

●幹に挟まれた枝を切る

幹に挟まれた枝は、いりませんね。

挟まれた枝を手前に引っ張り、よく切れるノコギリで切ります。

切り口に癒合剤を塗って保護します。

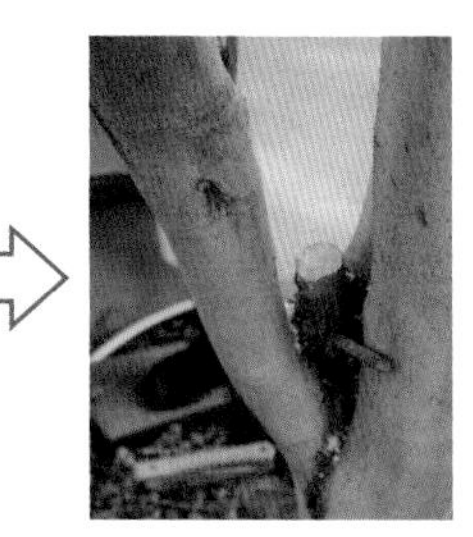

すっきりしました。

●混み合った枝、交差する枝を切る

切れば切るほど、すっきりしてくるので、剪定が楽しくなってきます。

point

強剪定後に届いた質問

「強剪定後、写真のように、枝からたくさん新芽が出てきました。どれを残せばいいですか？」と、田島さんからご質問。

お返事

「この枝が育ったら、かっこよくなりそう、と想像できる枝だけ残して、他の枝は切ってください。バランスを見て、場所によっては、保険の意味でも、2～3本残る状態にしておいて将来ぐんぐん育ってきたら、また、間引きするつもりでいてくださいね」と、お返事しました。(岡井路子)

鉢植えのオリーブの剪定

株元はすっきり、空に向かって両手を広げて、光と風をたくさん取り込む樹形が理想です。鉢植えの場合は栄養も水分も限られるため、鉢の中の土の量と根の生育状態と鉢の外の枝葉とが、バランスのとれた木に仕立てるのが重要ポイントです。バランスよく育った鉢植えのオリーブの木は、見るからに生き生きと、健やかな美しさを備えています。

鉢植えのオリーブの剪定ポイントは？

1 希望の樹形をイメージする

鉢を置く場所に合わせて、「こうしたい」という樹形をイメージします。建物と調和するスタイリッシュな樹形にしたい、とか、ベランダに数鉢置いて、小さな森のような雰囲気にしたい、とか。

2 混み合った枝を切る

向こう側の景色が透けて見えるくらいがベストです。剪定作業を進めながら、ときどき、離れたところから鉢全体を眺めてみましょう。

3 新梢を残す

春から夏にかけて、今年伸びた新しい枝を新梢と呼びます。オリーブはこの新梢に実をつけるので、実を見たい場合は、意識して新梢を残します。

剪定まえ

剪定後
オリーブは今年
伸びた新梢に翌
年実をつける。
向こう側の景色が
透けて見えるくらい
がベスト。
新梢は枝が若い
緑色をしている。
交差枝、平行枝、
内向枝を切って、
すっきりさせた！

オリーブを増やす

萌芽力が強いオリーブは、挿し木でも増やすことができます。剪定などで出た枝を土に埋め込む「太木挿し」は活着率が高く、とくに4～5月に行うと成功率が高まります。葉をつけた小枝を使った挿し木は、根づいたものを小さな鉢に仕立てると、とてもかわいらしくて、贈り物としても喜ばれます。また、時間はかかりますが、種をまいてじっくり育てるのも楽しいです。

オリーブの太木挿し

スタート時期にもよりますが、1～2カ月ほどで新芽が出てきます。根はまだ張っていないので、動かさないように気をつけて育てましょう。

1 鉢底穴にネットを敷いて培養土を入れ、枝の上部が土の上から出るように加減しながら埋めていきます。

2 鉢の縁から3cmほど下まで培養土を足してラベルを立てます。土が乾き過ぎないように、水やりに気をつけながら育てます。

太木挿し　4つのポイント

1 剪定枝の中から、直径5cm以上長さ30cm程度の若い枝を選ぶこと。

2 切り取った枝はなるべく早く挿し木をすること。

3 すぐに挿し木できない場合は、枝全体を水に浸けて乾燥させないこと。

4 枝の上下を間違えないこと。枝を切ったときに、上下がわかるように印をつけておきます。

オリーブの種をまく

オリーブの種をまく時期はオリーブの実が完熟する晩秋です。種の3倍くらいの深さに植えつけ、発芽までは水を切らさないように気をつけます。発芽までに時間がかかるので、種をまいたあとの水やりを忘れないように、オリーブの木が植わっている鉢に種を埋めておくとよいでしょう。1、2年して、忘れた頃にかわいい双葉が出てくるとうれしいです。本葉に変わるまでに5～10年、実がつくまでには15年以上かかるといわれていますが、気長に生長を見守ります。

発芽率はそれほどよくないので、ダメもとのお楽しみとして、まきましょう。

発芽から3年ほどたった苗。丸みのある小さな葉が出る「幼葉期（ようようき）」を経て、細長い葉をつける「成葉期（せいようき）」になると開花・結実するようになります。

よく熟した実をそのまま土に埋め込みます。

オリーブの挿し木

オリーブの小枝を使った挿し木です。3～4月の芽吹きの頃、しっかりと充実した枝の先から15㎝ほどを、葉を数枚つけたまま切り取って挿します。土がいつも湿っていることがポイントです。うまくいくと1カ月ほどで芽が動き、2～3カ月ほどで根が出ます。

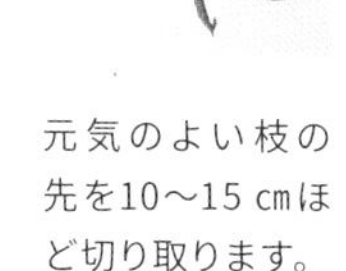

1 元気のよい枝の先を10～15㎝ほど切り取ります。

2 メネデール（発根促進剤）を加えた水に2～3時間浸けます。

3 切り口にメネデール（発根促進剤）をつけます。

4 鉢にパーライトか培養土を入れ、2節目が埋まる深さまで挿し込みます。

挿し木 3つのポイント

1 鉢に枝を挿した後は、常に土が湿っている状態を保ちます。鉢をビニールでおおう等、土が乾かないように工夫します。

2 直射日光に当てないように、半日陰に置きます。

3 気温が上がるとカビが発生しがちなので、パーライトなど清潔な用土を使います。

成功事例　その1
「旅する鈴木」さんのオリーブの挿し木

「これまで4月、7月、10月とバラバラな時期に行っております。育苗箱にパーライトを敷き詰めて、メネデール入りの水に半日ほど浸けた後、植えつけています。日よけをかけた日当たりの良い温室に置き、土が常に湿っている状態で保管しています。鉢上げは根が出た都度行っています。成功率は6～7割ほどで、みんな元気に育っています！」

成功事例　その2
GROUNDEDの八ツ田浩章さんのオリーブの挿し木

「11月、12月の寒くなりきるまえの時期に行います。気温が低いので温室内が蒸れにくく、雑菌が繁殖しにくいため、挿し穂が枯れるリスクが低いからです。まず葉を2枚残した15㎝ほどの挿し穂（小枝）を用意し、メネデールを入れた水に2～3時間浸け、芝の目土を敷いた育苗箱に深めに挿します。温室に入れ、乾かないように毎日散水をし、湿度を保ちます。5月に育苗箱の下から根が見えたら鉢上げをしています」

オリーブに実をつけるには？

「うちのオリーブは実がつかない品種かしら」「うちのはオスの木なの？」など、実がつかないという悩みを耳にすることが多いのです。オリーブは、もちろんどの品種もちゃんと実をつける植物です。実がつかない原因を見つけてきちんと対処すれば、いままで実がならなかった木でも、きっと実をつけるはずです。

オリーブの花

オリーブの実

オリーブの小さな緑色の実

新梢を切らないで

オリーブは今年の春から初夏に伸びた新梢に翌年花を咲かせ、実をつけます。そのため、なるべく新梢を残すのがたいせつです。剪定などで枝先をバッサリ刈り込んでしまうと実がなる枝がなくなってしまいます。実がなるのに適した剪定をして、実がなる枝をきちんと確保しましょう。

▶剪定方法はp48~55

開花時には雨に当てないで

オリーブの開花時期は、品種によって「早い・遅い」がありますが、5月上旬から6月上旬にかけて。梅雨時期と重なりがちなので、花が落ちたり花粉が飛ばずに受粉ができないことがあります。おおいをかけたり、鉢なら軒下へ移動させて花を雨から守ってあげましょう。また、水やりのときには、花に水をかけないように気をつけましょう。

「結婚適齢期」は？

単純に、まだ「子供」ができる樹齢になっていないのかもしれません。オリーブに実がなるまでにかかる時間は、環境や品種によって異なります。その日が来るまで、元気に生長するようゆっくり見守ってあげましょう。

肥料はじゅうぶんに与えてね

どんな植物でも、じゅうぶんな栄養があってこそたわわな実をつけます。植えっぱなしで何年も肥料をあげていないと、生長が遅くなり、実がつきにくくなってしまいます。

▶施肥の方法はp29、40

人工授粉にチャレンジ

人工授粉にチャレンジしてみるのも楽しいです。花粉を出している花から、耳かきのポンポンや絵筆、綿棒などを使ってそっと花粉を取り、別のオリーブの木に開花している花の上に花粉を落とします。うまく結実すれば小さな花は小さな実を結び、少しずつ大きくなっていきます。

乾燥させないようにね

乾燥を好むと思われがちなオリーブですが、水はやっぱりたいせつです。とくに花が咲いたときなど、ポイントとなる時期に乾燥させてしまうと、実がつかない大きな原因になります。地植えではそれほど神経質になる必要はありませんが、鉢植えの場合は、年間を通して乾いたらたっぷりと水やりをしましょう。

2つ以上の品種を育てよう

オリーブは1本でも実をつけますが、違った品種を2本以上植えた方が実がつく確率がだんぜんアップします。とくに、2本のうちの1本はネバディロブランコなど花つきがいい品種を選ぶと、自然と受粉する可能性が増えて実もつきやすくなります。近くの家などに、同時期に花をつけるオリーブがあれば、鉢を運んで行って受粉させるのもいい方法です。

ソフトピンチで枝数を増やす

枝数が増えるほど実も増えるので、冬に1度剪定し、その後、春から初夏の間に新芽が伸びてきたら、新芽を摘み取ります。これをソフトピンチと呼びますが、オリーブは、こうして新芽をカットすると、そこからあらたに2本の新芽が伸びてくるので、年々倍々ゲームで枝数が増え、実も増えていきます。こまめにソフトピンチを繰り返し、枝数を増やしましょう。

1 新芽を先端から少し下で摘み取ります。（ソフトピンチ）

2 新芽を摘み取った位置のすぐ下の2枚の葉のつけ根から、それぞれ新しい新芽が伸びてくる。新芽は枝に育ち、枝の数が2倍に増えます。

オリーブの病害虫対策

病害虫には比較的強いオリーブの木。でも、放っておいてよいわけではありません。まず、日頃からよく「見て」あげるところからはじめましょう。とりわけ、オリーブの２大害虫と呼ばれるオリーブアナアキゾウムシとコガネムシの幼虫。気づかずに放っておくと、木の内部や根をどんどん食害して、大きく育ったオリーブでも枯らしてしまうほどパワフルです。要注意！

オリーブアナアキゾウムシ

成虫が長い口吻をもつところからゾウムシと呼ばれます。幼虫から蛹を経て成虫に。

特徴

オリーブアナアキゾウムシはモクセイ科の木を好んで食害し、とくにオリーブが大好き。体長15㎜ほど、黒褐色をした甲虫で、６本の足と長い口吻をもちます。成虫の寿命は３～４年。3月下旬に越冬状態から覚め、平均気温が15℃を越える４月下旬から活発な活動をスタート。11月下旬頃まで休みなく活動を続け、冬は株元の樹皮の下や枯れ枝の下で休眠越冬します。雌成虫１匹あたりの総産卵数は300個以上、活動期には１日に１～２個ずつ、食害した樹皮の傷口に産卵。産みつけられた卵は７日(夏)から20日(秋)で孵化し、幼虫は成長するにつれて樹皮から形成層に潜入して60～200日間食害を重ねた後に、木質部を食害して蛹化。蛹は10～15日で羽化して成虫となり、外に出て新梢や若い枝の樹皮を食害します。羽化のピークは7月。

point

そこにいるのに気づかない！

オリーブの樹皮とそっくりなので、よく見ているつもりでも、ついつい見落としてしまいます。

「もうこの木はダメかな」と思っても、オリーブはかなり丈夫です。ゾウムシにやられても、横から新芽が出てくれば復活の印。あきらめずに手当てしましょう。

幹のまわりにオガクズ状の木屑が落ちていて、木肌がぼこぼこしていたら、さあたいへん！

幹にあいた穴からオリーブアナアキゾウムシの幼虫を引っ張り出して捕殺！

マイナスドライバーなどで、ぼこぼこした樹皮をかきとって木の内部から幼虫が出てきた場合は捕殺。地際近くや枝の分岐部などにも隠れている。成虫も、見つけたら捕殺する。

オリーブアナアキゾウムシの被害にあった株元。被害部分は、すべてきれいに削り取っておく。

対策

観察

オリーブアナアキゾウムシが木を食害すると、オガクズ状の木屑が株元に落ちます。また、本来なめらかで美しいオリーブの木肌がぼこぼこと荒れた感じになってくるので、すぐに異変がわかります。日頃からオリーブの健康状態をよく観察しておきましょう。

捕殺

成虫は黒褐色の保護色をしていて、なかなか見つけにくいのですが、株元の地際近くに潜伏していたり枝の分岐部にとまっていたりするので、発見して捕殺します。オガクズ状の木屑を発見したら、株元や木肌をよく見て、ぼこぼこと荒れた部分を探します。そこをマイナスドライバーなどでほじると、食害された木質部がぼろぼろとくずれるので、かきだし、幼虫や成虫を見つけて捕殺します。

株元をきれいに保つ

オリーブアナアキゾウムシの成虫は、株際の樹皮下や枯れ枝の下で休眠越冬するので、オリーブの株元はすっきりときれいに保っておくことです。また、雑草もこまめに抜いて、株元の土の表面がいつもきれいに見えているようにしておくと、食害の目印であるオガクズ状の木屑が目につきやすく、早めに手を打つことができます。

薬剤散布（4月・6月・8月の散布が効果的）

手袋、マスク、メガネ、長袖、長ズボン、帽子を着用し、風のない日を選び、涼しい朝夕に散布します。パッケージに明記されている説明をよく読んで、使用方法を守りましょう。

適用／オリーブアナアキゾウムシ 住友化学園芸 製品名	希釈倍数	使用時期	総使用回数
家庭園芸用スミチオン乳剤	50倍希釈	（実）収穫21日前まで （葉）収穫120日前まで	3回以内 （樹幹散布）
ベニカベジフル スプレー	そのまま散布	収穫前日まで	2回以内
ベニカ水溶剤	（実）2,000～4,000倍 （葉）4,000倍	（実）収穫前日まで （葉）収穫120日前まで	2回以内

スズメガの幼虫

スズメガの幼虫

体長が大きくなるほど、
ふんも大きくなる。

特徴

体長7〜9㎝にもなる大型のイモムシ。6月から10月に発生。体の後部に角状の突起をもちます。大量に発生することはありませんが、食欲旺盛な幼虫が葉をどんどん食べてしまうので被害甚大です。

対策

観察

何よりの目印は、黒くてころころしたふんです。幼虫が葉をもりもり食べて大きく育つにつれて、最初は小さかったふんがだんだん大きくなっていきます。株元にふんを見つけたら、かならずいる、と覚悟してスズメガの幼虫を探してください。

捕殺

薬剤散布よりも、とにかく見つけて捕殺するのが有効。円筒形の体の下面に1対ずつ並んだ足でしっかりと枝につかまっているので、割り箸でそっとつまんだくらいではなかなかとれません。思いきって、しごきとりましょう。

ハマキムシ類

実についたハマキムシ。ハマキムシは、オリーブの葉の上を意外にすばやく移動します。逃げ足が速い！

ハマキムシの白い綿状の糸で綴られたオリーブの葉。この中にハマキムシがいて葉を食害します。

特徴

ハマキガ科のガの幼虫、ハマキムシは体長1〜2㎝ほどで、4月から11月にかけて繰り返し発生し、オリーブの葉や実を巻いて住み食害します。白い綿状の糸で葉巻のように葉を巻いたり、数枚の葉を綴り合わせたりして中に入り葉を食べるほか、実に穴をあけて中に入り込み食害します。

対策

捕殺

白い綿状の糸で何枚か綴られた葉や、巻かれた葉、穴のあいた実を見つけたら、中に幼虫が潜んでいることが多いので枝ごと切り取って捨てます。

コガネムシ類の幼虫

オリーブの葉っぱにとまったところは、きれいなブローチみたいですが……。

コガネムシの幼虫。土の中で根を食害する。

特徴

成虫の出現は5月から9月頃にかけて。成虫は土の中に産卵し、卵から孵化した幼虫は土中で根を食害しながら越冬し、気温が上がると蛹になり羽化します。幼虫は体長1～3㎝ほど。コガネムシの成虫は飛んで移動するので、ベランダに置いたオリーブの鉢の中にも産卵することがあるので要注意。

対策

捕殺

成虫を見つけたら捕殺します。鉢植えのオリーブを植え替えるときなどに、土の中に幼虫を見つけたらすぐに捕殺しましょう。

ゴマダラカミキリの幼虫（テッポウムシ）

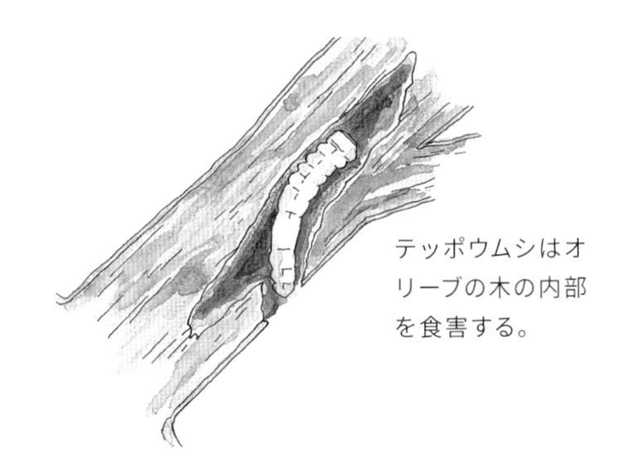

テッポウムシはオリーブの木の内部を食害する。

幹についたカミキリムシ。

オリーブの幹に丸い穴があいていたら、テッポウムシかゾウムシを疑う。

特徴

カミキリムシの幼虫。体長5～6㎝ほど。成虫は地際の主幹に穴をあけて産卵します。その穴が鉄砲の玉が貫通したみたいに見えるところからテッポウムシと呼ばれます。孵化した幼虫が木の内部をどんどん食害すると、落葉や枝枯れ、最終的には枯死にも至ります。

対策

捕殺

幹の地際に丸い穴があり、地面にオガクズ状の木屑が落ちていたら要注意。穴の中に幼虫がいる場合があるので、針金などで捕殺します。

炭疽病（たんそびょう）

炭疽病の実。

発生時期

発生時期は7月から11 月頃。果実が大きくなってくる頃から症状が出てきます。

原因と症状

炭疽病は、カビ（糸状菌）が原因です。大型の実をつける品種に発生しやすく、果実に褐色の斑点ができてしだいに広がり、不規則な形になり、その上に鮭肉色粘質の斑点が生じます。病原菌のカビの胞子は、水やりの際に飛び散る水滴や雨によって周囲に飛散し、伝染を広げます。

対策

病気になった実は早めに取り除き、落ちた実は拾って処分し、病気が広がらないように注意します。予防法としては、枯れ枝や弱った枝などを剪定し、風通しをよくして元気に育てること。蒸れると発生しやすい病気です。肥料の窒素分を控え、水はけをよくするのも有効です。

梢枯病（しょうこびょう）

枝の先から茶色に変色し、葉っぱが落ち、やがて枝全体の葉が落ちてしまう。

発生時期

発生時期は5月から10月頃。梅雨や秋の長雨の時期に多く見られます。

原因と症状

梢枯病の病原菌であるカビ（糸状菌）の一種が、枝の先に入ることが原因です。枝の先が50〜100cmくらいにわたって茶色く変色し、葉が落ち、しだいに枝全体の葉が落ちてしまいます。炭疽病によって枝の先が侵されたところから梢枯病の菌が入り込みやすいので、炭疽病と梢枯病は、まとめて対策すると効率がよいです。

対策

病状を見つけたら、枯れた部分をすべて除去します。予防法としては、枯れ枝を見つけたらこまめに除去するほか、炭疽病と同じように、よぶんな枝を払い、風通しと日当たりをよくすることです。

「はなさん」の オリーブ2大害虫奮戦記 &オリーブ害虫図鑑

庭でオリーブを育てはじめて13年。27品種39本のオリーブの生長を綴るブログ「Olive Gardening with Succulent」が人気の「はなさん」。
「私がここまでオリーブにはまったのは、岡井路子先生のオリーブの本がきっかけでした」と記してくれた「はなさん」の、害虫たちとの奮戦記をご紹介します。

オリーブアナアキゾウムシ編

オリーブの株元には、何も植えずに、すっきりきれいに。

地植えオリーブの最大の敵はこのオリーブアナアキゾウムシ。成虫が幹に産卵し、幼虫は樹の内部を食い荒らしてしまいます。

オリーブアナアキゾウムシ退治には、家庭園芸用スミチオン乳剤を、4月・6月・8月の年に3回散布。

1000mℓの水にキャップ3杯弱のスミチオン乳剤を加えれば50倍希釈液に。＊

スミチオン乳剤の希釈液を、地面から1mくらいの高さから、幹にぐるっと回しかける。

予感

ん? なんか傷あるかも? 誰か、かじった?
ルッカの根元に目を向けると……

発見

いたよ! 牛柄のあいつ !! オリーブアナアキゾウムシ。植えた覚えのないリュウノヒゲが、なぜかはびこってしまって、オリーブの根元に迫ってきています。

オリーブの根元に注意

こんなところは格好の隠れ家であり、産卵場所。根元にいたということは産卵の可能性大。ほうってはおけません。リュウノヒゲは全部抜かないと。

スミチオン乳剤を散布

オリーブアナアキゾウムシ対策は、4月・6月・8月の年に3回。スミチオン乳剤50倍希釈液を散布します。

幹の1mの高さから回しかける

キャップ1杯が7mℓなので、50倍希釈にするには1000mℓの水にキャップ3杯弱（20mℓ）の乳剤を加えます。地面から1mくらいの高さから、幹にぐるっと回しかけます。たいせつなオリーブを守るため。

ちなみにオリーブアナアキゾウムシは飛びます。移動します。1日2つの卵を毎日生み続けるスペックがあります。ということは、ネズミ算式に、爆発的に増えるんです。だから気づいたときには、オリーブの木がアナーキーマンションになって枯死という惨状になるんです。日々のパトロールは欠かせません。農薬を使うことの賛否もよくわかっているけれど、それでも私は枯れるオリーブを減らしたい。

＊50倍希釈液を用意するとき、水にダインなどの展着剤を数滴加えて混ぜておき、そこにスミチオン乳剤を加えれば、薬剤の定着がいっそう増します。

コガネムシの幼虫編

兆し

いつまでも土が乾かない鉢、ないですか?
アレの仕業かもしれません。
①鉢の土がなかなか乾かない
②新芽が萎れてきている
③黄色い葉が目立つようになってきた
④土がふかふかしている
⑤幹を揺らしてみるとグラグラ揺れる

犯人はコガネムシの幼虫

①〜③だけなら根腐れの可能性もありますが、④〜⑤もビンゴなら間違いなく犯人はコガネムシ。
コガネムシの幼虫が鉢の中の根っこを食い尽くしてしまいます。鉢から取り出してみたら……こりゃダメだ。10号鉢テラコッタいっぱいに張っていた根っこのほとんどがもうありませんでした。
鉢植えオリーブの最大の敵はコガネムシです。
根っこがなくなり、ふかふかになった湿った土から現れたのは9匹ものコガネムシの幼虫。サイズからして、アオドウガネなどのでかいタイプのコガネムシの終齢、蛹になる直前のものでした。こんなのがいたらあっという間です(汗)。新しい用土で植え替えます。

根っこのほとんどが、なくなっています。

鉢植えオリーブの最大の敵はコガネムシの幼虫。成虫が土の中に産卵し、孵化した幼虫は土の中でオリーブの根を食べて育ちます。

植え替えて、養生

よく見ると新しい根も動き出しているので、休眠までのわずかな期間に、もうちょっと育ってくれるかもしれません。
活着し、根っこが土を噛むようになってくれるには、根っこの固定が欠かせません。今回はほとんどの根っこを失っているので、支柱ではなく、ジュートをぐるぐる巻きにして鉢と幹を固定して密着度を強化しました。
本当だったら根っこがなくなってしまった分、上部も剪定をして根っこと葉の量のバランスをとったほうがいいんですが、まだ葉っぱにそこまでの症状が出ていなかったので、このまま育ってくれないかな……とついつい欲張ってしまいます。根っこがなく、水が吸えないので、葉からの蒸散を抑える意味でも直射日光はしばらくなし。半日陰〜日陰で養生します。

根を食害されたオリーブが、再び根を張るまでは、ジュートでしっかり固定。

鉢を半日陰に置いて、たいせつに養生させます。

「はなさん」のオリーブ害虫図鑑

オリーブは害虫の少ない木だといわれていますが、それでもやっぱりモクセイ科の木専門の害虫やオリーブが好物の害虫がいたり。大事な花芽や新芽を食べる、憎たらしいやつがいるわけです。最初の頃は虫が怖くて虫のいる枝ごと処分したりしていましたが、最近では小さい虫ならデコピンで退治できるほどに(笑)。害虫パトロールは欠かせませんが、お庭にはカエルやカマキリ、カナヘビなど最強パトロール部隊もたくさんいます。心強い味方です。

害虫対策

害虫が少ないオリーブでも、春と夏には害虫対策が必要です。オリーブの幹を内部から食害するオリーブアナアキゾウムシの幼虫や、土の中でオリーブの根を食害するコガネムシの幼虫は、見えないところや気づかないところで、たいせつなオリーブにダメージを与えます。いっぽう、見えるところで、オリーブの花や芽や葉に被害を与えるのがガの幼虫類。見えるだけに退治しやすいですが、大きいものに遭遇したらびっくりしてやる気を削がれますから、小さいうち、できれば卵のときに除去したいものです。私は夏用に、玄関先に割り箸とハサミを常備しています。まさか素手では触れられないので(苦笑)。
できれば出会いたくない害虫を防ぐには、オリーブを剪定して風通しをよくしたり、株元をすっきりさせて害虫の隠れるポイントをなくしたり……そんなことを心がけています。
オリーブにとって気持ちのいい環境づくりのお手伝いです。

ヒヨドリが スズメガの幼虫を狩る！

洗濯物をベランダに干していたら、ヒヨドリが近づいてきて下からロックオン！ 枝に飛び上がったと思ったら一発で捕獲！ スズメガの終齢サイズの幼虫を枕木にべしべし叩きつけて、丸めて運んでいきました。朝からすごいもの見たなぁ。

オリーブの害虫対策のいちばんのポイントは、オリーブ自身が健康であること！健康で元気なオリーブには虫を寄せつけない・負けないパワーがあるんです。

マエアカスカシノメイガ

なにがイラっとするかって、このガが卵を産みつけると、孵化した幼虫は花芽に穴をあけて中身を食べ尽くしてしまうこと。新芽が綴られていたら犯虫はこれ。前面が赤い透かしの羽のメイガ。

イボタガの幼虫

イボタガは、だいたい10個くらいの卵を枝に並んで産みつけます。シマシマでオレンジ頭のファンキー野郎がイボタガの幼虫。なんでこんなに目立つ風貌なのか聞いてみたい。

ノミみたいに
跳ねて逃げるから
気をつけて！

ヘリグロテントウノミハムシ

テントウムシと見せかけて、じつは害虫。ヘリの黒いテントウムシのような姿で、ノミのように飛ぶハムシ。成虫は葉を食害し、オレンジの小さな幼虫は葉の内部に入り込んで食害します。

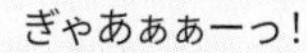

ぎゃあぁぁーっ！

コガネムシ

何よりも怖いのが鉢の土の中に卵を産みつけられ、孵化したコガネムシの幼虫。蛹になり、羽化して外に出てくるまでずーっと1本のオリーブの根を食べ尽くします。

シマケンモン

シマケンモンの幼虫は、長い薄い毛と、ピンクの靴下が目印。あまり頻繁に遭遇する相手ではないけれど新芽をバリバリ食べてしまいます。

スズメガの幼虫

オリーブの害虫の中では最も巨大なやつ。あっという間に枝を丸裸にしてしまいます。「テデトール」は無理なので、割り箸を常備です。

オリーブにトラブル発生！こんなときどうする？

Q：株元にかさぶたのようなあとや穴があり、オガクズ状の粉が落ちています。

A：オリーブアナアキゾウムシのしわざでしょう。そのまま放っておくとだんだんと葉が黄色くなって落ち、最後には木そのものが枯死してしまう恐れがあります。一刻も早い退治を！

■対処法はp60～61、p66

Q：幹に小さな穴があいて、オガクズ状の粉が落ちています。

A：テッポウムシかもしれません。幹や根の中を食い荒らし、木全体を枯死させる恐れがあります。いますぐ手当をしましょう。

■対処法はp63

Q：食い荒らされた葉があり、ふんが落ちています。

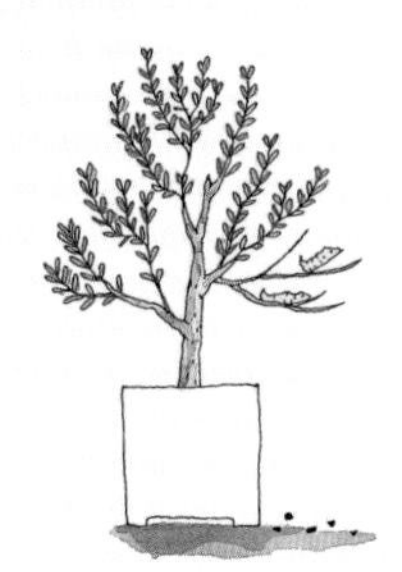

A：ススメガの幼虫のしわざです。旺盛な食欲で、オリーブの葉をどんどん食い荒らしてしまいます。見つけたらすぐに捕殺を！

■対処法はp62、69

Q：葉が白い綿状のものでくるまれており、実に穴があいています。

A：ハマキムシのしわざでしょう。葉や実を食い荒らすだけでなく、見た目も台無しです。傷んだ部分をこまめに伐採しましょう。

■対処法はp62

Q：全体的に葉の色が薄くなっています。

A：肥料不足の合図かもしれません。肥料を与えれば、葉はふたたび鮮やかなオリーブグリーンに変わります。

■施肥の方法はp29、40

Q：枯れ枝が出て葉がどんどん落ち、枝全体に広がっています。

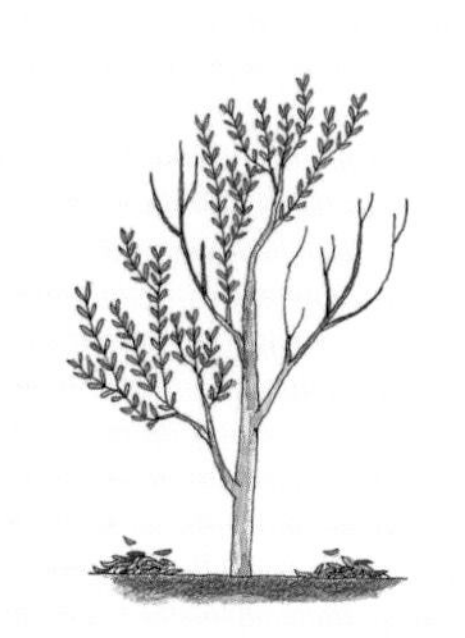

A：梢枯病かもしれません。枝先から枯れ始め、放置しておくと枝全体、木全体へと広がります。枯れ枝は除去し、つねに風通しと日当たりをよくしましょう。

■対処法はp64

Q：幹が細く弱々しくしなっていて、新芽が軟弱です。

A：日光に当たっていますか？　オリーブは日当たりが大好き。日陰でも枯死することはありませんが、元気に育てるためには日当たりのいい場所に移動させてあげることをおすすめします。

Q：枝の内側に枯れ枝が増え、新しい枝が出てきません。

A：何年も剪定をしていないのでは？オリーブは生長が早いので、枝葉を伸び放題にさせると日光や風が行き渡らず木が弱ってしまいます。定期的な剪定を心がけましょう。

■剪定の方法はp48～55

Q：葉っぱの表面が黒いすすのようなものでおおわれています。

A：すす病かもしれません。すす病はカイガラムシの排泄物が原因のカビの一種。美しい葉の美観を損なうだけでなく、光合成を邪魔します。黒いカビを歯ブラシや軍手などで取り払います。

Q：挿し木をすると、葉がぱらぱらと落ちてしまいます。

A：湿度の調整ができていないのです。挿し木では、湿度が高すぎても低すぎても自分を守るために葉を落とします。80～100％の湿度をキープさせることがたいせつです。

■挿し木の方法はp57

Q：冬、とつぜん葉が白っぽくしなびたようになってしまいました。

A：寒さに当たったのでは？マイナス10度以下の極寒にあたると新梢や若枝が枯死してしまいます。弱った枝を剪定すれば、また新芽が出てきます。

Q：実に斑点のようなシミがあります。

A：炭疽病にかかっています。これはオリーブにもっとも多い病気です。そのままにしておくと斑点が徐々に広がって実が落ちてしまいます。病気になった実は早めに取り除きましょう。

■対処法はp64

Q：オリーブの木が大きく育ちすぎてしまいました。

A：剪定で好みの樹形に育てられます。高さを抑えたい場合は、主幹の上部を止めると横に広がります。逆に幅を抑えたい場合は、横に伸びた枝を取り除けばオリーブは上へ育とうとします。コンテナ栽培の場合は、３年に１度程度は根の整理と枝の切り詰めを行い、ふたたび同じコンテナに植え替えをすると、大きさが抑えられます。

■剪定の方法はp48～55

Q：雪が降ってきました。

A：寒さに強いオリーブですが、本来温暖な地域で育つ植物のため長時間の寒さや雪は苦手。鉢植えなら屋根のあるところに取り込んであげましょう。地植えの場合は、葉に積もった雪を振り落としてあげましょう。

Q：台風が到来します！

A：浅根のオリーブは強風で倒れてしまうことも。鉢植えなら室内や風の少ないところに避難させましょう。地植えなら支柱を添え、しっかりひもで補強します。せっかく育ったオリーブが倒れて根がぐらつくと、水分や栄養を吸収できなくなるので注意が必要です。

Q：葉が黄色くなってパラパラと落ちたり、葉がカサカサになり、まるまっています。

A：コガネムシのしわざかもしれません。成虫は土の中に産卵し、孵化した幼虫は土中で根を食害します。成虫も幼虫も見つけたら退治しましょう。

■対処法はp63、67、69

A：まず虫や病気の症状をチェックし、思い当たる原因がみつからなければ生育環境が悪化している知らせです。以下のポイントをチェック！

A：根腐れしているのでは？
常に土が湿っている状態だと根腐れの原因に。水はけのよい土に植え替えましょう。

■植え替えの方法はp46～47

A：水やり不足では？オリーブは水はけのよい土に植え、じゅうぶんに水を与えると元気に育ちます。土が乾いたらたっぷりと、を心がけて。

■水やりの方法はp40

A：根詰まりしているのかもしれません。土が固くなっていたり、鉢底穴から根が出ていたら根詰まりの証拠。ひと回り大きなコンテナに植え替えましょう。

■植え替えの方法はp46～47

A：肥料やけかもしれません。肥料はたいせつですが与えすぎも禁物です。とくに鉢植えでは、栽培カレンダーに合わせて、規定の量を守るよう心がけましょう。

■施肥の方法はp29、40

A：寄せ植えをしていませんか？土の表面に浅根を張らせるオリーブは、寄せ植えには不向き。根が伸びなくなってしまいます。株元の植物を移動させましょう。

実つきのオリーブの枝とユーカリの枝に、ヤマブドウ
とアプリコット色のバラの花を合わせて。
（作／パワジオ倶楽部・前橋　茂木由実）

オリーブ品種図鑑

オリーブの品種はとても多く、世界には1600を超える品種があるといわれています。樹形、実の油分の含有量、実のつきやすさなど、人々の暮らしに役立つさまざまな特性が、長い歳月に渡ってたいせつに育まれてきた結果なのでしょう。ここでは日本で主に流通しているものを中心に、21種をご紹介します。美しい樹形を楽しむ、実を収穫して食べる、オイルを搾る……目的にぴったりのオリーブを見つけてください。

マンザニロ

参考資料／「小倉園ホームページ　オリーブ品種一覧」

小豆島に根づいた最初の4品種

5000〜6000年もの昔から、地中海沿岸地域で栽培されてきたと伝えられるオリーブが、本格的に日本に入ってきたのは、まだほんの100年と少しまえのことです。産業としてオリーブの栽培に最初に成功したのは小豆島。その小豆島に根づくこの4つの品種は、日本での「100年の実績」を誇るオリーブたちです。

ルッカ

Lucca　生育旺盛で丈夫、庭のシンボルツリーに

+原産国　アメリカ合衆国
+樹形　開帳型
+果実　小〜中実
+開花時期　5月中旬頃
+自家結実性　あり（1本でも実をつけやすい）
+用途　オイル

現在、日本で最も多く栽培されている品種のひとつです。樹勢が強く生育旺盛で、耐寒性もあり、炭疽病にも強い耐性をもつので、育てやすさも抜群。油の含有率が25%と多いので、オイル用にも最適。自家結実性をもち、1本でも比較的実をつけやすい。枝垂れる枝に実をたわわにつけ、葉は大きくなるとねじれが生じるのが特徴です。木が大きくならないと実をつけにくい傾向があり、鉢植えよりも庭植えに向いています。ルッカはイタリア、トスカーナ地方の都市の名前から。

ネバディロ ブランコ

Nevadillo Blanco　授粉樹として活用できる

+原産国　スペイン
+樹形　開帳型
+果実　中実
+開花時期　5月中旬頃
+自家結実性　なし
+用途　オイル

花をたくさんつけ、花粉の量が多く、花期が長めなので、他のオリーブの木を結実させる授粉樹として活用されています。ただし、花をつける樹齢に達するまでに時間がかかるので、小さな苗木を買ってすぐ、授粉樹の役割を果たせるわけではありません。花をたくさん咲かせる割に、自分自身の結実率は低めです。芽吹きがよく、枝葉が密集するので、トピアリーや生垣に向きます。果実の白い斑点から、「白い降雪」を意味するネバディロ ブランコの品種名をもつそうです。

データの見方

+樹形　開帳型／枝が横に張り出して伸びる樹形
直立型／上に向かって伸びる樹形
半直立型／開帳型と直立型のあいだ
+果実　小実／直径1～2㎝　中実／直径2～3㎝
大実／直径3～4㎝　特大実／直径4㎝以上

+開花時期は、5月上旬から6月上旬。品種によって、またその年の天候によって前後のずれがありますが、関東標準では5月中旬頃から咲きはじめるものが多いです。5月上旬、5月下旬に開花しはじめる品種もあります。
+用途　「オイル」はオリーブオイル、「テーブル」は実を食品として加工したテーブルオリーブとしての利用を示します。

マンザニロ

Manzanillo　マンザニロは「小さなりんご」

+原産国　スペイン
+樹形　開帳型
+果実　中～大実
+開花時期　5月中旬頃
+自家結実性　なし
+用途　テーブル

正式名称はマンザニーラ デ セビーリャ。世界中に広く普及し、日本でも入手しやすい品種です。環境適応力が高く、育てやすい品種ですが、炭疽病に弱い点は要注意。1本では結実しにくいですが、受粉能力が高く、開花時期の合う別の品種といっしょに育てれば、丸い実をたくさんつけます。枝垂れる枝に小さめの葉を密につけ、樹高が低めなので栽培・収穫がしやすい。油の含有率は9～14%と低めなので、テーブルオリーブ向き。品種名はスペイン語で「小さなりんご」という意味。

ミッション

Mission　自然樹形が美しい

+原産国　アメリカ合衆国
+樹形　直立型
+果実　中実
+開花時期　5月中旬頃
+自家結実性　なし
+用途　オイル・テーブル

剪定しなくても自然にきれいな直立型の樹形に育つため、ガーデンのシンボルツリーとして人気の品種です。この直立型の樹形は、機械による収穫にも適しているので、生産用としても好まれます。生育が旺盛で、強い耐寒性があるため、とても育てやすく、ハート型のかわいらしい実も魅力。葉の裏が白く、風と光の中でキラキラと銀色に輝きます。果実の油の含有量は完熟すると22%となり、ピリッとした風味の良質なオイルがとれます。新漬けやピクルスなど、テーブルオリーブにも最適。

眺めて楽しい

小さな実を鈴なりにつけるアルベッキーナやコロネイキ。アルベッキーナの実はまんまるで、コロネイキは先がピッと尖っています。どちらも上質のオリーブオイルを搾れ、新漬けや塩漬けにしてもおいしい品種です。小さな実をつけたオリーブの枝は花材としても使いやすく、かわいらしい雰囲気に。

アルベッキーナ

Arbequina　まるくて小さな実が鈴なりにつく

+原産国　スペイン
+樹形　開帳型
+果実　小実
+開花時期　5月初旬頃
+自家結実性　あり
+用途　オイル

オイル含有率が高く、高品質のオイルを得られる品種です。自家結実性をもち、1本でも実をつけるので、1本だけ育てたい場合は、この品種を選べば実も楽しめるのでおすすめです。花の数と花粉量が多く、花が咲いている期間も比較的長いので、授粉樹としても優秀です。ただし、開花のスタートが他の品種よりもかなり早いので、授粉樹として活用する場合は開花時期が合うものを選びます。

コロネイキ

Koroneiki　先が尖った小さな実が鈴なりにつく

+原産国　ギリシャ
+樹形　開帳型
+果実　小実
+開花時期　5月初旬頃
+自家結実性　なし
+用途　オイル

ギリシャで栽培しているオリーブのうちの50〜60%が、このコロネイキだといわれるほどポピュラーな品種です。また、ギリシャ産のエキストラバージンオイルのほとんどは、このコロネイキが原料だそうです。開花期間が長く、花粉を豊富につけるので授粉樹にも向いていますが、花を咲かせる樹齢に達するのに時間がかかります。気長に、じっくり育てましょう。

黒っぽく熟したアイ セブン セブンはブドウの巨峰そっくり！ みんな騙されます（笑）。ジャンボ カラマタの実は大きくて、5㎝ほどに育つことも。ドマットはトルコ語でトマト。はじめてこの実を見たとき、マットなグリーンからピンク色に色づいていく変化の美しさに見惚れました。

ジャンボ カラマタ

Jumbo Kalamata　大きな実！

+原産国　オーストラリア
+樹形　開帳型
+果実　特大実
+開花時期　5月中旬頃
+自家結実性　なし
+用途　テーブル

摘果してひと枝につく実の数を減らすと、4～5㎝くらいまで、みごとに大きく育って、「びっくり感」を楽しめます。寒さや病気に弱いので、育てるのは上級者向き。ジャンボ カラマタという名前は、ギリシア原産のカラマタとは関係なく、葉の形が似ていて実が大きいので、適当につけられた名前だそうです。

アイ セブン セブン

I Seven Seven　ブドウの巨峰にそっくり

+原産国　イタリア
+樹形　開帳型
+果実　中～大実
+開花時期　5月初旬頃
+自家結実性　なし
+用途　オイル・テーブル

イタリアの国立研究所がオイル用に育成した品種だそうです。オイル含有率が高く、テーブルオリーブにも向く果実は、新漬けにすると、とてもおいしい。花粉をたくさんつけるので、授粉樹としても役に立ちます。黒っぽく熟した実は、ブドウの巨峰にそっくり。

ドマット

Domat　トマトという名前のオリーブ

+ 原産国　トルコ
+ 樹形　開帳型
+ 果実　特大実
+ 開花時期　5月初旬頃
+ 自家結実性　なし
+ 用途　テーブル

はじめてトルコで見たオリーブがドマットでした。「ドマットはトルコ語でトマト」と教わりながら、なんてきれいな色の実なのだろう、と感嘆しました。黄緑色からピンク色へと変わっていく色の変化は、見惚れるほど美しいです。

食べておいしい

新漬けのオリーブの実を食べ比べてみると、カラマタ、ミッション(p75)、アルベッキーナ(p76)、サウス オーストラリアン ベルダル(p81)、ピクアルなどが上位にきました。完熟した実をメープルシロップ漬けにしてみたところ、とてもおいしかったのがハーディーズ マンモスです。この実で試したことが、メープルシロップ漬け誕生のきっかけとなりました。

ハーディーズ マンモス

Hardy's Mammoth

苦味が少ない

+原産国　オーストラリア
+樹形　開帳型
+果実　大実
+開花時期　5月中旬頃
+自家結実性　なし
+用途　テーブル

果実は大きく、フルーティで苦味が少なく、メープルシロップ漬けにすると、とてもおいしく食べられます。病気に強く、耐寒性もあるので、育てやすい品種です。花を咲かせて実をつける樹齢に達するのに少し時間がかかるので、のんびり気長に待ちましょう。

カラマタ

Kalamata

シロップ漬けに

+原産国　ギリシャ
+樹形　直立型
+果実　大実
+開花時期　5月中旬頃
+自家結実性　なし
+用途　オイル・テーブル

黒く熟した実は、そのまま食べられるくらい苦味が少なく、メープルシロップ漬けにするとおいしい。直立型の樹形なので、広くない場所にも植えやすく、丈夫で育てやすい品種です。

ピクアル

Picual

おいしい人気品種

+原産国　スペイン
+樹形　開帳型
+果実　中〜大実
+開花時期　5月中旬頃
+自家結実性　あり
+用途　オイル・テーブル

スペインのオリーブオイルの主力品種。日本では新漬けにもよく利用されています。丈夫で育てやすく、1本でも実をつける自家結実性をもち、観賞用にも広く流通している人気の品種です。

寒さに強い

オリーブというと、地中海沿岸の明るい日差しと温暖な気候がイメージされますが、日本では最近、宮城県や福島県、北海道の一部でも露地栽培されています。環境適応能力に優れた樹木なのでしょう。マイナス5℃以下の日が長く続くとさすがに枯れてしまいますが、短期間ならマイナス10℃にも耐えるそうです。

オヒブランカ

Hojiblanca
スペインの人気品種

+原産国　スペイン
+樹形　直立型
+果実　中～大実
+開花時期　5月中旬頃
+自家結実性　あり
+用途　オイル・テーブル

自家結実性をもつので1本でも実をつけ、とても丈夫。耐病性、耐寒性の両方を備えている、育てやすい品種です。スペインを代表するオリーブの品種。

コレッジョラ

Correggiola
丈夫で育てやすい

+原産国　イタリア
+樹形　開帳型
+果実　中実
+開花時期　5月中旬頃
+自家結実性　なし
+用途　オイル

イタリアのトスカーナ地方で栽培されているオイル用品種です。寒さに強く、樹勢が旺盛で、高い環境適応能力をもつため、とても育てやすい品種です。果実の大きさは中くらいで数をたくさんつけ、結実率も高めで、香りのいい良質なオイルが得られます。

コラティーナ

Coratina
高品質のオイルが採れる

+原産国　イタリア
+樹形　開帳型
+果実　中実
+開花時期　5月中旬頃
+自家結実性　なし
+用途　オイル

イタリアのプーリアで栽培されているオイル用品種です。耐寒性があり、植えられた場所の生育環境に適応しやすく、発根能力が高く、育てやすい品種です。結実率が高く、オイル含有率も高く、ポリフェノールを豊富に含んだオイルが採れます。

1本でも実をつける

「オリーブの木を1本だけ育てたい。で、実も楽しみたい」という場合は自家結実性のある品種を選びます。ルッカ(p74)、オヒブランカ(p79)、ピクアル(p78)、アルベッキーナ(p76)、バロウニなどが、1本でも実を期待できる品種です。このページのタジャスカとアザパは、自家結実性が「少しある」品種ですが、自家受粉よりも、別の品種のオリーブから受粉できれば、そのほうがずっと安定した結実が得られるようです。

バロウニ
Barouni
ヒメリンゴみたいな大きな実

+原産国　チュニジア
+樹形　開帳型
+果実　特大実
+開花時期　5月初旬頃
+自家結実性　あり
+用途　テーブル

ヒメリンゴを思わせる、大きなまるい実を実らせます。チュニジアの過酷な環境にも適応できる干ばつに強い耐性をもち、とても育てやすい品種です。

タジャスカ
Taggasca
ゆっくり成熟する実

+ 原産国　イタリア
+ 樹形　下垂型
+ 果実　小〜中実
+ 開花時期　5月中旬頃
+ 自家結実性　少しあり
+ 用途　オイル

ゆっくりじっくり熟していく実は、そのぶん、オイルの含有率が高いオイル用の品種です。１本でも実をつけますが、別の品種があればいっそう安定して結実します。

アザパ
Azapa
チリを代表する品種

+原産国　チリ
+樹形　開帳型
+果実　大〜特大実
+開花時期　5月中旬頃
+自家結実性　少しあり
+用途　テーブル

チリで生産されているオリーブの約50%を占めるテーブルオリーブ用の品種です。樹勢が強く生育旺盛で、とても育てやすい。

他のオリーブの受粉を手伝う

他のオリーブの木を受粉させる役割を果たせる木を「授粉樹」と呼びます。オリーブは風で花粉が運ばれて受粉するので、花数が多く花粉の量が多い品種は授粉樹に向いています。また、花期が長いことも授粉樹の条件です。花が咲いている時期が合わないことには受粉できないので、受粉させたい木と開花のタイミングが合う授粉樹を選びます。ネバディロ ブランコ(p74)をはじめ、アイ セブン セブン(p77)なども授粉樹として利用できます。

カヨンヌ

Cayonne

美しい姿

+原産国　フランス
+樹形　開帳型
+果実　中〜大実
+開花時期　5月初旬頃
+自家結実性　なし
+用途　オイル・テーブル

葉の先端が上を向き、勢いのある枝では葉がすべて内向きにカールし、葉の裏側の銀白色が際立つため、とても美しい姿を見せてくれます。

アレクッゾ

Areccuzzo

実を多くつけるオイル用の品種

+原産国　トルコ
+樹形　開帳型
+果実　小〜中実
+開花時期　5月中旬頃
+自家結実性　なし
+用途　オイル

情報が少なく、不明な点も多い品種です。5月中旬頃に開花することが多く、たくさんの花をつけるため、授粉樹として貢献できる品種です。枝が暴れやすいので、剪定が必要。

サウス オーストラリアン ベルダル

South Australian Verdale

大きな実をたくさんつける

+原産国　オーストラリア
+樹形　開帳型
+果実　大実
+開花時期　5月中旬頃
+自家結実性　なし
+用途　テーブル

オーストラリア南部で栽培されているテーブル用品種。耐寒性もあり、丈夫で育てやすい品種です。毎年大量の花芽をつけ、大きな実をたくさんならせます。花が咲いている期間がとても長いため、授粉樹としても活用できます。

キャンドルホルダー

シンプルなキャンドルの器にオリーブの小枝をくるりとひと巻きするだけで、雰囲気抜群のキャンドルホルダーに。オリーブの葉が作り出す影が、あわただしいふだんの暮らしに、落ち着いた優しさを添えてくれます。

（作／時のきらガーデン・前橋市 川口幸子）

オリーブのボタン

オリーブの枝をスライスして、キリでボタン穴をあける。表面にクリームブリュレバーナーで、さっと焼き色をつけると、素敵な焦げ茶色のボタンに。

オリーブの小枝で作るピック

オリーブが実る頃、ちょうど食べごろを迎える柿に、オリーブの小枝で作ったピックを添えて。

1 オリーブの小枝を、葉を2枚残してカット。

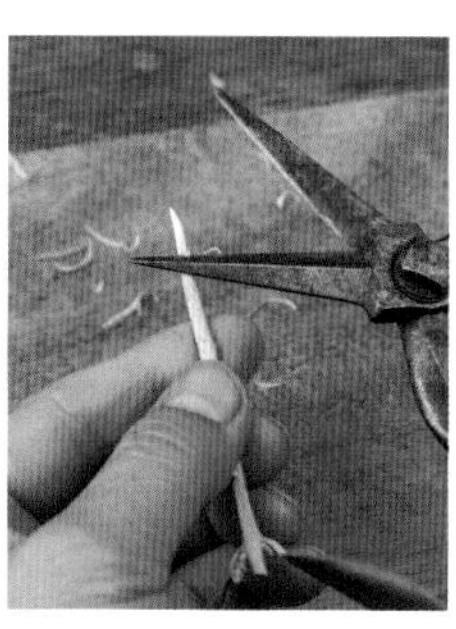

2 剪定ハサミか小刀で、先を尖らせる。

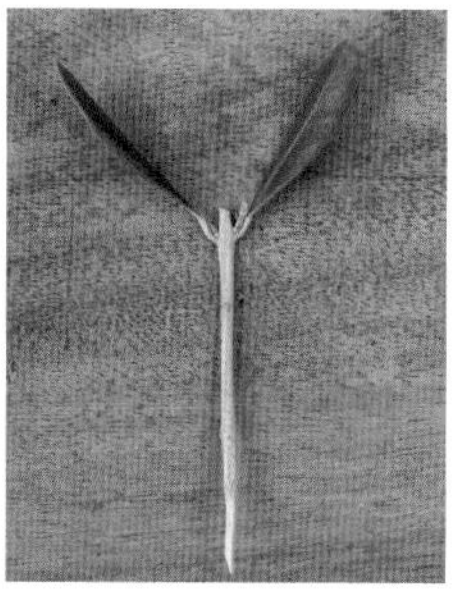

3 できあがり。

第3章

オリーブを食べる

オリーブの故郷で習いました

イスラエル、ガミラ・ジアーさんの 完熟オリーブの塩漬け

「オリーブの実の食べ方を知りたいなら、村にいらっしゃい」と、高級石鹸『ガミラシークレット』の開発者、ガミラ・ジアーさんから誘っていただき、イスラエルをお訪ねしました。遥か昔から原産地に伝わるシンプルなオリーブの塩漬けは、滋味あふれる味です。「母の作ったオリーブの実の塩漬けさえ持って行ければ、僕らは世界中のどこでも生きていける」と長男のファドさんがいう通り、オリーブの塩漬けはオリーブの原産地に暮らす人々にとって、生きることを支えてくれる食べ物の原点なのだということを、改めて実感しました。

ガミラ・ジアー
1940年、イスラエルのガリラヤ地方山間部の小さな村に生まれる。貧しい暮らしの中で、5人の子供を育てながら、代々受け継がれてきた薬草の知識をベースに、オリーブオイルとハーブを材料にした石鹸を30年かけて開発し、『ガミラシークレット』として発売。イスラエル国内はもとより、世界中で「魔法のように肌を癒す石鹸」として愛される。写真は樹齢2000年、またはそれ以上と伝えられるオリーブの木とガミラさん。

オリーブ畑でオリーブの収穫のお手伝い。

ガミラさんも自ら収穫。

1 オリーブの実を叩いて割れ目を入れます。

2 実を叩くにはミートハンマーが便利。

3 「やってみて」といわれて、やってみました。

4 ボウルに入れて、全体にかぶるくらいの塩を加えてまぶします。

5 底に穴を開けたザルにボウルのオリーブを移す。

6 苦味を含んだ汁が、下の受け皿に自然に落ちる仕組みです。

ガミラさんのレシピ

塩をまぶしてザルに入れたオリーブは、毎日、ザルを揺すって全体を混ぜる。味をみながら、苦味が好きな人は4日間くらい、苦味が少ないほうがよければ1週間くらい置きます。ほどよく苦味が抜けたところで、オリーブの実をボウルに移し、水をためては流す、を5回ほど繰り返す。水がきれいになったら、実をザルに上げ、塩少々と、オリーブオイルをまぶして保存容器に入れます。

トルコのバルバロス村とイエニオバ村の
グリーンオリーブの塩水漬け

ポルトガル、スペイン、ギリシャ、トルコなど、数千年の昔から、オリーブをたいせつな食料としてきた国々の主婦たちから教わったレシピの中から、トルコで習ったグリーンオリーブの塩水漬けをご紹介します。家庭によって、少しずつレシピが違うところは、日本の梅干し漬けと同じですね。味見させてもらったオリーブは、それぞれとてもおいしかった。

トルコ、バルバロス村で。

バルバロス村の
ネヴィンさんのレシピ

ナイフで切り込みを入れたオリーブの実は、７日間、毎日水を換え、その後、４ヵ月塩水に漬ける。石で割ったオリーブの実は、７日以上、毎日水を換え、その後、レモンを加えた塩水に漬ける。

イエニオバ村の
ビンナズさんのレシピ

ナイフで切り込みを入れたオリーブの実は、30日間、毎日水を換える。石で割ったオリーブの実は、１週間、毎日水を換える。その後、水10ℓに対し、塩200g、砂糖100g、レモンの輪切り適量に漬け込む。１週間後くらいから食べられる。５人家族で、40~50kg漬ける。

トルコ、イエニオバ村で。

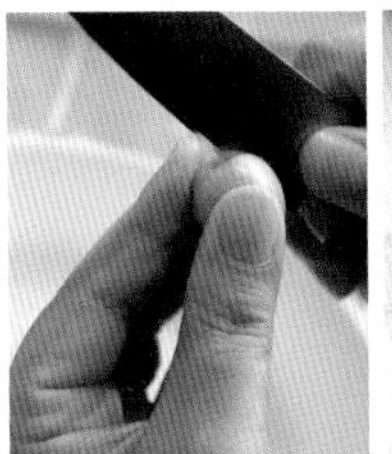

１週間以上かけて水でじゅうぶん苦味を抜いたあと、塩水に漬ける。石やミートハンマーで叩いて割れ目を入れると苦味が早く抜け、ナイフで切り込みを入れれば、苦味はゆっくり抜けます。時間差でオリーブの実を食べるための生活の知恵ですね。

スペイン、陶芸家エミリオさんの
オリーブの塩水漬けの風味づけ

スペインの陶芸家、エミリオさんからオリーブの風味づけを教わりました。苛性ソーダで苦味を抜いたオリーブを塩水漬けにして、タイムやニンニク、レモンやオレンジの風味を加えるレシピです。エミリオさんの無造作に見えるほど手早い調理法は、作り慣れた「本場感」満載。

エミリオさんのレシピ

苛性ソーダである程度、苦味を抜いたオリーブの実を、水３ℓに塩90~150gを加えた塩水に漬け、皮つきのニンニクを２玉とタイムひと束を入れ、すりおろしたレモンの皮１個分、オレンジの皮を１個分入れ、蓋をして冷暗所に置く。１週間後くらいからおいしく食べられる。

1 苛性ソーダで苦味を抜いたオリーブの実を塩水漬けにします。

2 タイムひと束と、皮つきのニンニクをまるごとポンポンと加えます。

3 冷凍したレモンの皮をすりおろして加えて。

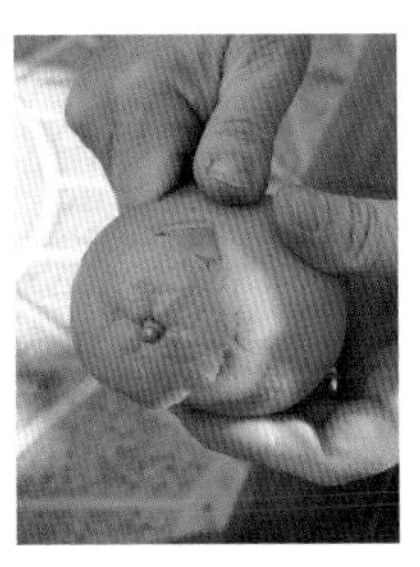

4 さらに、オレンジの皮をむいて、その皮も加えて。

5 蓋をして冷暗所に置きます。１週間後ぐらいから食べられます。

オリーブの塩漬け

塩で苦味を抜いて
オリーブオイルをまぶす

オリーブの実にはオレウロペインというポリフェノールの一種が含まれているために苦味が強く､そのままでは食べられません｡苦味を抜く方法はいくつかありますが､完熟した実の苦味を塩で抜く､グリーンオリーブの苦味を水に浸けて抜く､といった方法が､原産地の多くの家庭で行われているポピュラーな方法です｡苦味は完全には抜けませんが､慣れるとそのほろ苦さこそがオリーブの実のおいしさだということに気づきます｡オリーブの原産地で習った方法をもとに､試行錯誤を重ね､日本の家庭でいちばん作りやすいレシピを､まとめました｡

オリーブの塩漬けの作り方

完熟したオリーブの実は、塩を使って苦味を抜くことができます。11月下旬頃、果肉がやわらかく、つやがなくなったら完熟した目安。苦味が少なく、オイル分がたっぷり含まれています。種を抜き、多めの塩をまぶしてザルに入れ、涼しくて風通しのいい場所に置きます。ときどき上下を返しながら、何度か味をみて、好みの苦味の加減をみつけます。あとは水に漬けて塩を抜き、オリーブオイルをまぶせばできあがり。早ければ1週間後には食べられます。保存するときは密閉容器に入れ、冷蔵庫の野菜室に。

1 完熟したオリーブの実（カラースケール６～7）を水洗いして種を抜きます。

2 塩（精製していない自然塩）をまぶす。塩が少ないとカビの原因になるので多めにまぶします。

3 ザルに入れて、数日間、風通しのよいところに置く。灰汁（あく）が落ちるのでザルの下には受け皿を置いて。

4 味をみて、好みの苦味加減になったら水に浸けて塩抜きし、オイルをまぶし、密閉容器に入れて冷蔵庫で保存します。

塩漬けオリーブでペーストを作る

5粒、10粒でも、完熟したオリーブの実を収穫できたら、ぜひ作ってみてほしいのが、この塩漬けオリーブのペーストです。塩抜きしたオリーブをフードプロセッサーでペースト状にし、適量のオリーブオイルを加え、好みのなめらかさまで攪拌します。レモン汁やスパイス、ニンニクなどを加えてもよい。ペーストにして保存すれば、すぐに使えて重宝します。保存は消毒済みの密閉容器に入れ、冷蔵庫に。塩とオリーブオイルは、上質なものを選ぶのがポイントです。

オリーブペーストは、パンに塗ったり、温野菜にかけたり、パスタソースにするなど応用範囲が広く、作り置きできるのも便利。

point

苦味抜きの方法

塩をまぶした実をストッキングタイプの排水口用水きりネットに入れ、底に実がつかないようにして、瓶の口にネットをゴムで留めておく。実から灰汁（あく）が下に落ち、実に逆戻りしないのでおすすめです。

point

あると便利！ オリーブの種抜き器

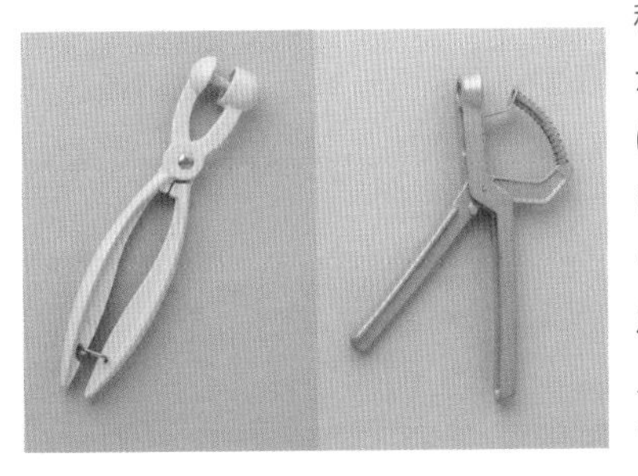

塩漬けにする場合も、シロップに漬ける場合も、種を抜いておくと早く漬かります。オリーブの種は抜きにくいため、種抜き器があると便利。さくらんぼの種抜き器でも代用でき、ネットストアや輸入品を扱うドラッグストアなどで手に入ります。

オリーブの塩水漬け

水で苦味を抜いて塩水に漬ける

オリーブの実の苦味を水で抜くのも、生産地の多くの家庭で行われている、ポピュラーかつ安全な方法です。早くて10日ほどで、食べられる程度まで苦味が抜けます。水で苦味が完全に抜けるわけではありませんが、ほどよい苦味もオリーブの実のおいしさです。苦味が適度に抜けたら、塩やハーブなどを加えて味つけをします。ペットボトルを利用すれば、少しのオリーブでも作りやすく、冷蔵庫でも場所をとりません。時間を置くほど、苦味が抜けて味もマイルドになります。

1 オリーブの実に割れ目・切り目を入れる

オリーブの実は、表面をクチクラ層という丈夫な膜でおおわれているため、そのまま水に浸けたのでは、なかなか苦味が抜けません。実を水洗いし、ナイフで種に当たるまで、3カ所くらい深めに傷をつける。または、すりこぎ、ミートハンマーなど固いもので実を叩き、割れ目を入れる等の下ごしらえが必要です。

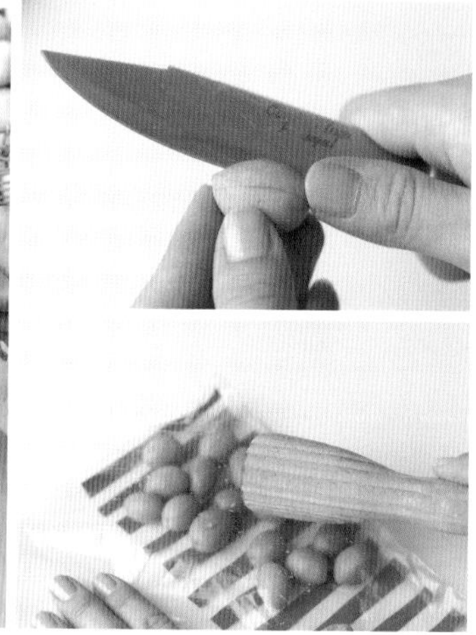

point

あると便利！　実に割れ目・切れ目を入れるツール

まな板の上の左2つはミートハンマー、右隣は木槌。中央の写真2点は、オリーブの実に切り目を入れる道具。右端も、同様に切り目を入れる道具。

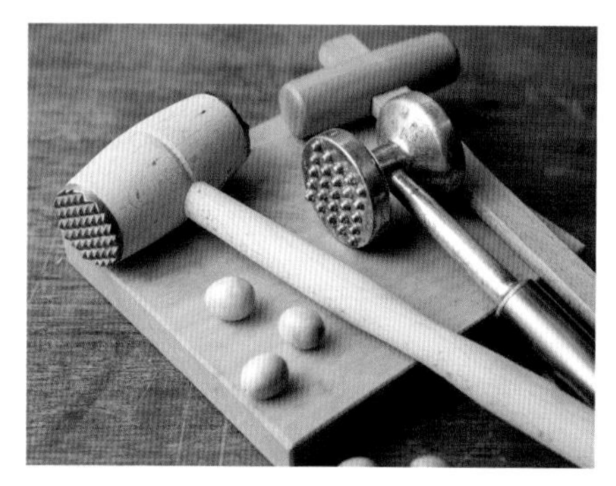

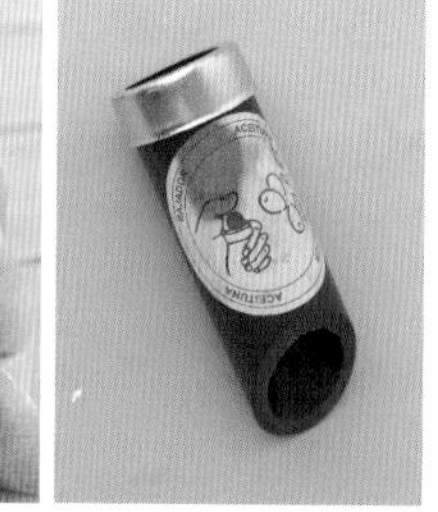

スペインで見つけた切り目入れ器。

ナイフで切り目を入れるより早い！

2 水に浸けて苦味を抜く

ペットボトルに実を入れ、実が浸かるまで水を注いで冷蔵庫の野菜室で保存します。ペットボトルの口に入らない大きな実は、蓋つきの瓶を利用。水が透明になるまで水を換え続けます。

実を入れる容器は、冷蔵庫でじゃまにならないペットボトルが便利。

写真のようなシール容器など、密閉できるものならば何でもよい。収穫できた実の量に合わせて用意します。

完熟したオリーブの実も、同様に切れ目を入れて水に浸けて苦味を抜くことができます。

3 塩水・ハーブ・スパイスに漬ける

水で苦味が適度に抜けたら、3％濃度の食塩水に漬けます。好みでハーブやレモン、スパイスを加えて、風味をプラスします。実が空気に触れるとカビの原因になるので、塩水はかならずひたひたにしておくこと。冷蔵庫の野菜室で保存し、1週間後くらいから食べられます。塩は天然塩を使うと、うまみが増すので、塩選びにはこだわって。

いろんな品種のオリーブの実で塩水漬けを作ってみる

庭やコンテナに実ったオリーブの実は、熟し加減も品種もいろいろです。同じ品種、同じ熟度の実がそろうわけではありませんが、自家製のオリーブの実の塩水漬けは、品種も熟度もミックスして、気軽に作ってみてください。見た目も楽しく、いろんな味や食感が味わえます。（詳しい作り方はp88）

オリーブの実は、収穫したらすぐ加工するのがポイントです。いろいろな熟し加減の実を、まとめて加工しても大丈夫。

注目の品種ルッケスの実の塩水漬け。まだ流通していない品種ですが、おいしさは抜群。原産国はフランスで、果実の味がよく、テーブルオリーブとして人気だそうです。実の大きさは中サイズで、「勾玉（まがたま）の形」をしています。

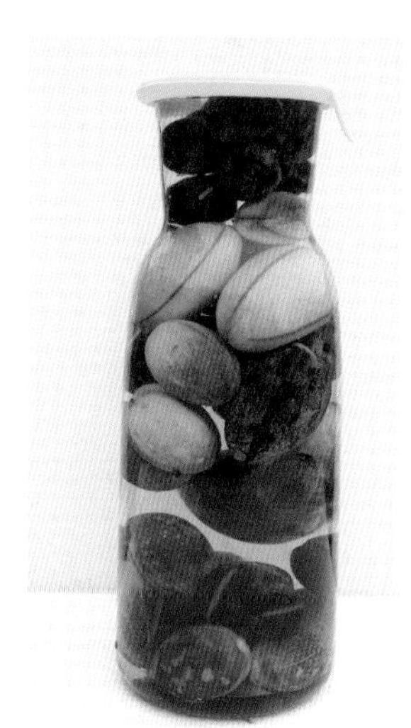

いろんな熟し加減の実に、種に届くくらいの切り込みを3カ所ほど入れる。

point

オリーブの実の摘み取り方

オリーブの実を傷つけないように、ひとつずつ手で摘み取ります。素手で作業しても、オリーブの実の油分のおかげで、手が荒れるということはありません。

ピッチョリーネ

1 手の甲を下にして親指と人差し指で果梗部（実と枝をつなぐ茎）をつまむ。

2 中指で実を手前に引くようにして、そっと摘み取る。

メープルシロップ・ハチミツ 黒糖・てんさい糖に漬ける

完熟したオリーブの実をメープルシロップやハチミツ、砂糖などに漬けると、ほろ苦さと甘味が絶妙なデザートになります。小さな瓶を使えば少量でもできるので、ほんの数粒の実をおいしく食べるのにもおすすめの方法です。作り方は、黒く完熟した実の種を抜き、空気に触れないように、かぶるくらいのシロップやハチミツ、砂糖に漬けて密閉し、冷暗所で保存します。１週間後から食べられますが、１年も経つとトロリと濃厚な味に。そのままでも、また、ヨーグルトやアイスクリームに添えると、いままで味わったことのなかった大人のおいしさに、びっくり！ 毎年、作りたくなります。

1

完熟したオリーブの実（カラースケール6〜7）の種を抜く。または、ナイフなどで種に届くまで傷をつけてもよい。

2

種抜きした実を、消毒済みの密閉できるガラス瓶などに入れ、ひたひたになるまで好みの甘味料を注いで、冷暗所で保存する。空気に触れるとカビの原因になるので注意する。

3

空気に触れないように、シロップやハチミツ、砂糖などをひたひたに入れ、密閉して冷暗所で保存。いただきものの小さなジャム瓶や柚子胡椒の瓶など、小さな瓶を使えば少量を漬け込むのに便利。

オリーブの新漬け
オリーブドルチェ

みずみずしいグリーンの実で作るのが、オリーブの新漬け「オリーブドルチェ」です。オリーブの果汁である油分と塩味がマッチした滋味深い味わい。新漬けに向くのは黄緑色から淡い紫色に色づいた若い実（カラースケール1～3）。若い実は苦味が強いため、苛性ソーダを使う手間がかかりますが、それだけの価値のあるおいしさです。苛性ソーダは劇薬扱いの薬品なので、取り扱いにはじゅうぶんに注意してください。

苛性ソーダの取り扱いについて

苛性ソーダは薬事法で劇物扱いになっており、薬局で購入の際には身分証明書と印鑑が必要。触れるとやけどに似た症状を起こすので、かならずゴム手袋、防護メガネ、マスク、長そでの作業服で皮膚を守り、換気のよい場所で作業します。万一触れた場合は流水で洗い流し、医療機関を受診してください。容器はガラス製かポリプロピレン製で、溶かす水の５倍量が入る大きめのものを使います。

作業では、苦味を抜いた後の廃液は、そのまま流さず日本薬局方30％酢酸などの酸と反応させて中和させます。目安は２％の苛性ソーダ水溶液の場合、廃液1ℓにつき酢酸24mℓを少しずつ加えて混ぜ、pHが５～９になったら水で10～20倍に薄めて処理します。

オリーブドルチェの作り方

【1〜2日目】

1 収穫した実を選別し、傷や病気のあるものを除き、計量します。

2 軽く水洗いする。実を傷つけないよう、ていねいに。

3 容器に実と同量の水を入れ、2%の濃度になるように苛性ソーダを溶かして液を作ります。(注意1)

4 このとき泡といっしょに熱を発するのでご注意! 反応がおさまるまで3〜6時間かかるので、まえもって準備しておくとよいですね。

5 液に手が触れないように気をつけながら、実をそっと入れます。

6 実が浮き上がらないよう落し蓋をして、5時間以上置きます。このとき、容器に水面の位置をマークしておくと、のちの計量に便利。

3時間後　4時間後　5時間後

7 右端のように種のまわりが白く残っているくらいのタイミングで、次の8の工程に進みます。品種や実の大きさによって苦味の抜け方が異なるので、何回か実を切ってチェックします。

【2〜3日目】

8 実を切ってみて、7の右端のようになっていたら、苦味がじゅうぶんに抜けています。黒い液を捨てましょう。(廃液の処理は左ページ参照)

9 1日3回(朝、昼、夕方)、2〜3日、水を換え苛性ソーダ分をしっかり抜きます。空気に触れると実の色が黒ずむので、落し蓋をしたままホースの先端を水底に沈め、濁った水を溢れさせるようにして交換するのがポイント。

【4〜5日目】

10 黒い水が出なくなったら、水換えの要領で6でつけたマークまで真水を入れ、1%の濃度になるよう塩を加えてそのまま漬け込みます。

【5日目〜】

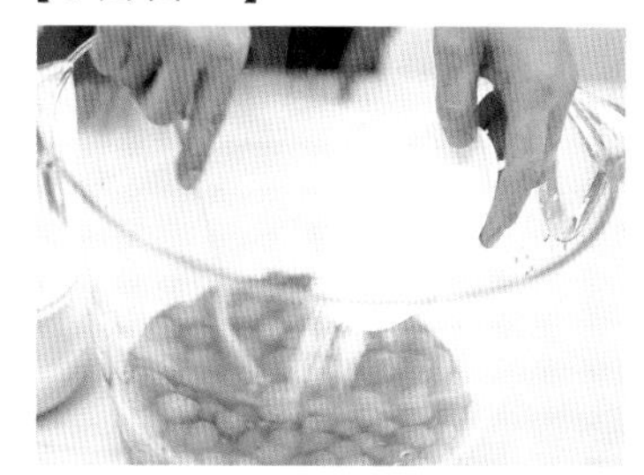

11 翌日、水が濁っていたら水換えをして再び1%の塩水で漬け込みます。水が澄んでいたら、その後1日1%ずつ塩分を上げていきます。もっともおいしいのは3%ですが、長期保存したい場合は5%程度まで上げていき、消毒した密閉容器に入れて冷蔵庫で保存。2〜3日後から食べられます。

(注意1) 容器にあらかじめ水を入れてから苛性ソーダを加えます。逆に苛性ソーダに水を加えると、水と反応して爆発的に高熱を発します。容器はかならずガラスかポリ製を選ぶこと。

オリーブの葉のお茶

無農薬で育てたオリーブの葉は、お茶にしても楽しめます。オリーブの葉には「オレウロペイン」というポリフェノールの一種が豊富に含まれ、抗酸化作用、抗菌作用、抗ウイルス作用をもつそうです。血圧を下げる効果、美容効果も期待できます。フレッシュティーにするなら、葉を摘み取って洗い、熱湯を注ぎます。青い香りがして、少しほろ苦く、気持ちの落ち着く味です。

1　若い新梢から、やわらかそうな葉のついた小枝を数本、選んで切り、水できれいに洗います。

2　小枝から葉を外します。

3　葉を急須に入れます。濃いめのオリーブ茶を飲みたければ、葉の量を多く投入。

4　熱湯を急須に注ぎ入れます。蓋をして3～5分待ちます。

5　湯飲みに注いで、さあ、どうぞ！

＊オリーブの原産国では、体調がすぐれないときには、オリーブの葉をちぎって噛むという話を聞きました。オリーブの葉の成分が、体調改善に効果を発揮する、ということなのかもしれません。

オリーブのドライリーフティー

「わー、おいしい！」というものではないけれど、じんわりとしみる、「からだによい味」がするお茶です。熱くても冷たくしても、飽きのこない味。剪定などでたくさんの葉が採れたときは、よく洗った葉をザルなどに広げてカラカラになるまで乾かし、乾燥材とともに保存すれば、好きなときにいつでもオリーブティーが楽しめます。

オリーブオイル

オリーブオイルは100%の果汁です

ゴマ油や菜種油、ひまわりオイルなどは、すべて種子からとった食用油ですが、オリーブオイルは、実を搾った100%の「果汁」です。そのおいしさは、オイルというより、むしろ極上の「オリーブジュース」。その色は、品種によって、また実の熟しかげんによって、深いエメラルドグリーンから輝くような黄金色まで、うっとりするような美しさを見せてくれます。人類の歴史がはじまった頃から現在まで、この芳醇なオイルは地中海地方の人びとの暮らしを支え続けてきました。そしていま日本でも、オリーブオイルはおいしくて健康にいいオイルとして、年々その人気と需要が高まっています。

スプーンいっぱいの
オリーブオイルが
健康なからだを作る

オリーブオイルの優れた健康効果を担う成分のひとつが、オリーブオイルに70%以上も含まれるオレイン酸です。このオレイン酸が、善玉コレステロールHDLの値を守り、悪玉コレステロールLDLの値を下げることが知られています。HDLは動脈硬化などの原因となるよぶんなコレステロールを回収して肝臓に戻し、血液をさらさらな状態に保ち、動脈硬化を防ぎ、高血圧の改善が期待されます。

また、オリーブオイルに含まれているポリフェノールやトコフェノールなどがもつ抗酸化作用は、細胞の老化を防ぎ、からだを内臓から健やかに若々しく保ちます。体内に発生する活性酸素が引き金となる肌荒れやシミ、シワ、ニキビなどのさまざまな肌のトラブルを防ぎ、肌の老化の原因となる乾燥も防いでくれます。このように、私たちの健康に貢献するオリーブオイルは「多価不飽和脂肪酸」と呼ばれ、食用油脂の中でもっとも「母乳」に近い構成比をもちます。イタリアやスペインでは、赤ちゃんに離乳食としてオリーブオイルを与えるそうですが、これは赤ちゃんを丈夫に育てたいと願う母親たちのオリーブオイルへの深い信頼を示すものなのでしょう。

‘ルッカ’で作る マイ・オリーブオイル

完熟した実がたくさん採れたら、ぜひチャレンジしてみたいのが「マイ・オリーブオイル」です。500gの実に対して、採れるオイル量は約80㎖。約1割強とわずかですが、自分で育てたオリーブから搾ったオイルは、スプーン1杯でも本物のエキストラバージンオイル、まさにフレッシュなオリーブのジュースです。ポイントは、皮がやわらかく、オイル含有量が多い品種を選ぶこと。手搾りのオリーブオイルにはとくに皮が薄く、オイルの含有量が多い「ルッカ」がおすすめです。

搾りたてのオリーブオイルを味わう!

搾りたてのオリーブオイルを味わう、という機会は、普通ではなかなかないものです。オイルの含有率の高いルッカなどの品種を選ぶと、両手いっぱいくらいの量の実から大さじ1〜2杯くらいのマイオイルが搾れます。少量でも、搾りたてのエキストラバージンオリーブオイルを味わえば、市販のオリーブオイルを購入するときの自分なりの「味の基準」をもつことができます。

1 指でつまんでつぶせる程度まで熟した実（カラースケール6〜7）を水洗いし、二重にしたジッパー付きポリ袋に入れます。

2 空気を抜いてジッパーを閉じ、指で果肉をつぶしながらよくもみます。

3 写真のように実がつぶれ、表面に黄色いオイルが浮いてくるまで30〜60分ほど、よくもみます。

＊キッチンペーパーのかわりにストッキングタイプの排水口用ネットを使用すれば、キッチンペーパーのようにオイルを吸収しないぶん、たすかります。

4 カッターナイフで2ℓペットボトルを上下に切り分け、キッチンペーパー（＊）を注ぎ口に入れて、先を2cmほど出します。

5 4を下半分のボトルに差し込みロート装置を作る。ストッキングタイプの水切りネットを使う場合は、ペットボトルの上半分にネットを輪ゴムで固定します。

6 ロート部分につぶした果肉を少しずつ入れる。温かい室内に置いておくと、数時間で果汁とオイルが二層に分かれて下にたまる。上澄み分がオイルなので、そっと容器に流しとり、フレッシュなうちに使いきりましょう。

色も味わいも多彩
オリーブオイルのテイスティング

オリーブオイルは、まるでワインのようにそれぞれ異なる味わいや個性をもっています。その色は、緑色の実を搾るとグリーン、赤や紫だと青みがかった黄金色、黒い実は琥珀色のオイルになります。味わいもまたそれぞれで、青い実を搾ると若草のような香りとピリッとした辛さをもつ刺激的な味に。赤やよく熟した黒い実は、まろやかで滋味深いオイルにと、たとえ同じ品種であっても、その熟度によって違いが出てくるほどです。

品種別オイル含有率

品種	含有率
カラマタ	17〜19%
レッチーノ	25〜27%
フラントイオ	26〜30%
マンザニロ	9〜14%
ミッション	15〜19%
コロネイキ	20〜23%

A カラマタ
（カラースケール4〜6）
ナッツやコショウのような芳香をもち、オリーブの実特有のさわやかな風味。

B レッチーノ
（カラースケール5〜7）
ほのかにアーモンドのような香りをもつ、繊細な味わい。コクがあるのにキレがあり、温野菜や蒸し魚のような淡白な料理に合う。

C フラントイオ
（カラースケール5〜7）
青リンゴのようなフルーティな香りに、ほのかな辛みが感じられるバランスのよい味わい。

D マンザニロ
（カラースケール4〜7）
まろやかで、軽やか。香りも控えめで、どんな料理にも合う、親しみやすいオイル。

E ミッション
（カラースケール2〜4）
青草のように爽やかな香りと、ピリピリとした舌を刺すような刺激。パンチがほしい料理にぴったりの、大人の味。

F コロネイキ
（カラースケール3〜6）
フルーティな香りとここちよい苦みがある。クセがないので、パンにつけたりサラダなどにもぴったり。

オリーブオイルの
選び方・使い方

エキストラバージンオリーブオイルとは？

オリーブの実をペースト状にして、遠心分離機などでオイルを搾り取ったもの。化学処理や加熱をいっさい施していないものを「エキストラバージンオリーブオイル」と呼びます。さらに、酸度0.8%以下という基準を満たしていなくてはなりません。風味や有効成分がそのまま生きている最高級の品質を誇るオリーブオイルです。また、日本国内で販売されているオリーブオイルには、「オリーブオイル（ピュア）」と表示されたものがあります。こちらは、精製処理が施された加工品です。オリーブオイルがもつ健康効果や、香り、風味を味わうには、ぜひ、エキストラバージンオリーブオイルを選んでください。質の良いエキストラバージンオリーブオイルは、いろんな食材を何倍もおいしくする力をもっています。

オリーブオイル購入の目安

普段の料理用には、目安として、500mℓ入りで3000円前後のものがよいでしょう。保存は15℃くらいの冷暗所で、空気や光に触れると酸化して味が落ちるので、光を通さない着色瓶や遮光瓶を選びます。開封すると酸化がはじまるので、もったいないと思わずに、新鮮なものを3カ月くらいで使い切ります。

パワジオ倶楽部・前橋

キンタ・ド・コア
500ml 2,700円(税別)
ネグリーリャ、ヴェルデアル、マドゥラルの3つの抗酸化物質の含有量が高い品種が使われ、濃厚なグリーンの風味が特徴。オリーブ通にも好評です。

キンタ・ド・ビスパード
500ml 2,700円(税別)
ゴブランソーサというポルトガルが誇る最高級品種が使われており、バランスのよいマイルドな味わい。

http://www.powerdio.com

注目の日本産オリーブオイル

香川県三豊と小豆島を産地とするアライオリーブ、小豆島のTABEMONO(旧川本植物園)、静岡県のクレアテーブル。それぞれ特色のある高品質のオリーブオイルが、日本国内はもとより、海外でも高く評価され、注目を集めています。原産国の食通たちを驚嘆させた日本産のオリーブオイル。オリーブが秘める果てしない可能性を、ぜひ、味わってみてください。

アライオリーブ

エキストラバージン
オリーブオイル JAPAN
185g 12,960円(税込)
緑色の果実だけを搾ったこだわりのオイル。青リンゴやハーブを思わせる清々しい香りと豊かな味わい。酸度0.07%を実現した最高品質のオリーブオイル。
https://araiolive.co.jp

クレアテーブル

静岡産エキストラバージン
オリーブオイル
濾過タイプ
100ml 3,240円(税込)
富士山をのぞむ静岡日本平のオリーブ畑で丁寧に生産された100%静岡産。数々の国際コンクールで連続入賞する高品質オリーブオイルは、青々しいフルーティな香りとバランス良い辛み、苦みが特徴です。
https://creafarm.shop-pro.jp

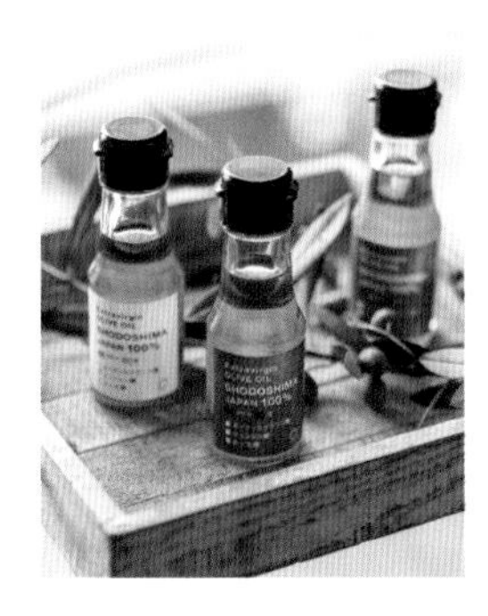

株式会社 TABEMONO

エキストラバージン
オリーブオイル
66mm 2,160円(税込)
自社農園産100%の複数の品種を「単一品種オイル」にすることで、フルーティーなものから辛味や苦味が際立つものまで、様々な風味を実現。パンはもちろん、お魚やお肉、フルーツにひとかけするのもおすすめ。受賞歴多数。(『川本植物園』から『株式会社TABEMONO』に社名変更)
http://www.tabemono.co.jp

オリーブオイルのおいしい食卓
ふだんの食材を
10倍おいしくする魔法のレシピ

フォカッチャ＋オリーブオイル

●塩をきかせたフォカッチャとオリーブオイルは好相性。

オリーブオイルをかける

エキストラバージンオリーブオイルをかけると、卵かけごはんをはじめ、食べ慣れた朝ごはんがぐーんとおいしさを増すことに感動します。納豆はマイルドに、豆腐にはコクが加わり、生野菜や温野菜は、野菜が本来もつ味と香りを際立たせます。

卵かけごはん＋オリーブオイル

●炊きたてのごはん／1膳 ●卵／1個
●しょうゆ ●エキストラバージンオリーブオイル／各適宜

卵かけごはんにオリーブオイルをまわしかける。卵かけごはんのおいしさが、いっそう濃厚に、パワーアップします。

豆腐＋パルメジャーノチーズ＋オリーブオイル

●汲み豆腐 ●パルメジャーノチーズ ●エキストラバージンオリーブオイル ●塩 ●しょうゆ／各適宜

汲み豆腐を器に盛り、パルメジャーノチーズを削って散らし、食べる直前に、オリーブオイルをかける。濃厚なチーズと淡白な豆腐の味を、オリーブオイルがつないで、ヘルシーでリッチな味を作り出します。塩少々、または、しょうゆを数滴たらしてもおいしく、毎日食べても飽きません。

納豆＋オリーブオイル

●納豆／1パック ●しょうゆ ●辛子／各適宜
●エキストラバージンオリーブオイル／小さじ2

しょうゆと辛子を加えた納豆をよく混ぜ、食べる直前にオリーブオイルをかける。いつもの納豆に、うまみとコクが加わります。

生野菜（温野菜）＋オリーブオイル

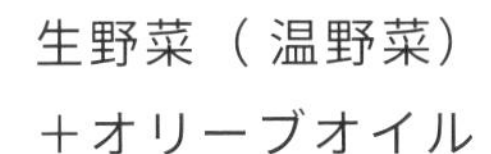

●かぶ ●にんじん ●エキストラバージンオリーブオイル ●塩／各適宜

かぶやにんじんなど、生で食べられる野菜を食べやすく切ってお皿に盛り、オリーブオイルをかけ、塩をぱらりとふる。蒸籠や蒸し器、または電子レンジで蒸した温野菜も、同じようにオリーブオイルと塩で、おいしく食べられます。

オリーブオイルで和える

エキストラバージン・オリーブオイルで「和える」と、野菜も果物も、いままで食べたことのないおいしさに変わってびっくり！ たとえばよく熟したトマトを刻んで塩とオリーブオイルで和えて、軽くトーストしたバゲットにのせただけのブルスケッタ。コクがあるのにあっさりした、その新鮮なおいしさにすっかりハマってしまい、ひと夏、毎朝、ブルスケッタを食べ続ける人も続出とか（笑）。

にんじんのラペ風

●にんじん／中２本 ●塩／小さじ1/2 ●酢／大さじ３ ●砂糖／小さじ1と 1/2 ●エキストラバージンオリーブオイル ／大さじ３

にんじんは皮をむき、千切りに。できるだけ細く切ると味が早くなじみます。ボウルに、にんじん、塩、酢、砂糖、オリーブオイルを加え、よく和えれば、できあがり。おいしくてヘルシー。副菜としてはもちろん、ワインにもビールにも、日本酒にも、焼酎にも合うので、作り置きの常備菜にしておくと、便利です。お弁当の彩りにも。

トマトのブルスケッタ

●トマト ●パン ●塩 ●エキストラバージンオリーブオイル／各適宜　＊好みで、ニンニクやバジルのみじん切り

よく熟したトマトを刻み、たっぷりのエキストラバージンオリーブオイルと塩で和える。バゲットでも薄切りトーストでも、好みのパンにのせると、コクがあるのにあっさりしていて、いくらでも食べられるおいしさです。バジルやニンニクを刻んで、いっしょに和えてもおいしいです。

柿のオリーブオイル和え

●柿 ●エキストラバージンオリーブオイル
●塩／各適宜

種なし柿の皮を剥いて、6等分に切り分け、塩とオリーブオイルといっしょにボウルに入れて、よく和える。できたてもおいしいけれど、30分ぐらい置くとよくなじんでいっそうおいしいです。

りんごとセロリとナッツのサラダ

●りんご ●セロリ ●ナッツ ●塩 ●エキストラバージンオリーブオイル／各適宜

ナッツはフライパンかオーブントースターでローストし、ザク切りに。セロリは1センチ幅くらいの小口切りに。りんごは皮付きのまま8等分して芯を取り、いちょう切りに。ナッツ、セロリ、りんごをボウルに入れて、まず塩で和え、つぎにオリーブオイルで和える。りんごがたくさん出回る季節に繰り返し作りたくなる、りんごのおいしいサラダです。塩とオリーブオイルで和えているので、りんごの色が変わらず、翌日もおいしく食べられます。

玄米ごはんのおにぎりのオリーブオイルまぶし

●炊きたての玄米ごはん ●しょうゆ（九州産の甘いしょうゆ）●エキストラバージンオリーブオイル／各適宜

ボソボソしないように、圧力鍋で玄米をモチモチに炊き上げ、熱いうちにおにぎり型でおにぎりを作ります。しょうゆとオリーブオイルを同量ボウルに用意し、その中に、ひとつずつおにぎりを入れ、転がして全体にまぶします。「信じられないほど、おいしい！」と、歓声の上がるおにぎりです。おかずナシでも満足できる、パワーのあるおにぎりは、差し入れなどに喜ばれます。甘みのある九州のしょうゆがない場合は、普通のしょうゆ大さじ1にみりん大さじ1を加えて代用します。

※玄米をおいしくモチモチに炊くには、圧力鍋（ピース）がおすすめです。

オリーブオイルを加えて攪拌する

バジルペーストのおいしさを決定するのは、もちろん、エキストラバージンオリーブオイル。夏限定の夏野菜の冷製スープ、ガスパチョのおいしさも、使用するオリーブオイルの品質しだいです。100％果汁の、オリーブオイルのおいしさを実感できる２品です。

ミックスナッツ入りバジルペースト

●バジル ●ミックスナッツ ●にんにく ●塩 ●エキストラバージンオリーブオイル／各適宜

電子レンジでにんにくを加熱しておきます。ナッツをフライパンかオーブントースターでローストし、バジルの葉を洗って水をきっておき、それらをすべて冷蔵庫で冷やしておきます。フードプロセッサーなどに、エキストラバージンオリーブオイルとすべての材料を入れ、なめらかになるまで攪拌します。空気に触れると黒くなるので、ビンに詰めたらオリーブオイルを少し入れて蓋をします。

バジルとトマトの冷製パスタ

（１人分）
●カペッリーニ／80g ●バジルペースト／大さじ３ ●プチトマト／２個

カペッリーニをゆで、冷水で洗い、よく水気をきってボウルに入れ、バジルペーストで和える。器に盛り付けて、輪切りにしたミニトマト、あればバジルを飾ります。トマトのみじんぎりをたっぷりのせると、いっそうおいしいです。

夏トマトのガスパチョ

●トマト／大３個 ●きゅうり／１本 ●ピーマン／１個 ●たまねぎ／小1/4個 ●にんにく／1/2片（電子レンジで加熱しておく） **A**●エキストラバージンオリーブオイル／100ml●酢／10ml ●塩／小さじ１ ●水／100ml ● バゲット１きれ（食パンなら耳を取り除いて）

トマトはヘタを取ってザク切りに、きゅうりは皮を剥き乱切りに、ピーマン、たまねぎもザクザク切ってミキサーに入れます。そこに**A**を加えて、乳化するまでしっかり攪拌します。冷たく冷やして、小さめのグラスに入れ、食べる直前にオリーブオイルを小さじ1/2ほど加えます。暑い夏、心とからだの元気を回復させてくれる夏野菜の飲むサラダです。

オリーブオイルで煮る

「鍋の底がかくれるくらい、たっぷりのオリーブオイルを鍋に入れて」というと、「ええっ、そんなにたくさん?」と驚かれることがよくありますが、質のよいエキストラバージンオリーブオイルはたっぷり使っても油っぽくはならず、おいしさやコクがぐんと増します。

ラタトゥユ

●完熟トマト ●ズッキーニ ●たまねぎ ● マッシュルーム ●セロリ ●パプリカ ●にんにく ●塩
●エキストラバージンオリーブオイル／各適宜

にんにくはつぶし、野菜はすべてザク切りにして、鍋に入れ、塩とエキストラバージンオリーブオイルを加えて、蓋をして煮るだけ。直径28cmの鍋いっぱいの野菜に対してオリーブオイルは100mℓほど。野菜の量が半分くらいになるのを目安に40分ほどじっくり煮ます。コンソメスープの素等は加えず、塩とオイルだけですが、素材のおいしさだけでうまみたっぷりに仕上がります。翌日以降がおいしく、冷蔵庫で保存すれば常備菜に。オムレツやポークソテーのソースとしても、おいしい。

カリフラワーとにんじんのオリーブオイル煮

●カリフラワー／1玉 ●にんじん／1本 ●たまねぎ／小1個 ●塩 ●エキストラバージンオリーブオイル／適宜 ●砂糖／ひとつまみ ●水／1カップ

すべての材料をザク切りにして鍋に入れ、蓋をしてやわらかくなるまで煮るだけ。いんげん、おくら、ズッキーニなどを、たまねぎと組み合わせてもおいしい。隠し味に砂糖をひとつまみ、を忘れずに。

オリーブオイルでソテーする

たっぷりのオリーブオイルで、しっかり焼き上げる調理法です。キツネ色の焦げ目が料理に香ばしさを添え、その風味は調味料では出せない味です。

春キャベツの
オリーブオイル焼き

●キャベツ／半個 ●エキストラバージンオリーブオイル／大さじ３ ●しょうゆ／大さじ３ ●すりごま／大さじ1

フライパンにオリーブオイルを熱し、半個を４つくらいの三日月形に切ったキャベツを並べ、両面に焦げ目がつくくらいしっかりとソテーします。しょうゆとすりごまを合わせてタレを作り、食べる直前にかけます。しょうゆは九州産の甘口しょうゆ。普通のしょうゆを使う場合は、大さじ１のしょうゆに対してみりん大さじ１を加えます。

オリーブオイルで炒める

きゅうりと竹輪のオリーブオイル炒め

●きゅうり／１本 ●竹輪／１本 ●白だし／適量
エキストラバージンオリーブオイル／大さじ２

きゅうりの皮を剥き、斜めの拍子切りに。竹輪も同じくらいの大きさに切ります。フライパンにオリーブオイルを熱し、きゅうりと竹輪を入れて、竹輪に焼き目がつくくらいしっかりと炒めます。白だしをジャッとまわしかけ、味をみて整えます。翡翠色のキュウリが爽やかな一品。もうひと品欲しい、というときに、冷蔵庫にあるもので、さっと手早く作れる便利なおかずです。きゅうりの代わりに小松菜でも、チンゲンサイでも、ほうれんそうでも、いんげんでも。さめてもおいしいのでお弁当にも。

オリーブオイルで揚げる

上等のエキストラバージンオリーブオイルで揚げ物をする、というと、贅沢すぎるようですが、オイルは2、3cmの深さでじゅうぶん。軽く揚がるので素揚げも、天ぷらも、フライも、びっくりするほどおいしくできます。野菜を揚げたオイルは、肉、魚介類の順に揚げて使いきることと、揚げ物の感動的なおいしさを併せて考えれば、納得できるオリーブオイルの使い方だと思います。

揚げじゃがいもの卵とじ

●じゃがいも／2個 ●卵／2個 ●とろけるチーズ／30g
●エキストラバージンオリーブオイル／適宜

一口大に切ったじゃがいもをオリーブオイルでカリッと揚げ、フライパンに移し、チーズを加えた卵で和えます。揚げたじゃがいもは外側がカリッ、中はホクホク。卵とチーズのうまみが加わって、ついつい食べすぎてしまうおいしさです。

トウモロコシの素揚げ

●トウモロコシ ●エキストラバージンオリーブオイル●塩／各適宜

生のトウモロコシの皮を剥き、5cmくらいの長さの筒切りにして、ひとつずつ、まな板の上に立てて置き、包丁を縦に入れて、芯をつけたまま4等分します。フライパンにオリーブオイルを熱し、跳ねるオイルに注意しながら素揚げにして塩をふります。トウモロコシの甘さと香りが際立ち、冷たいビールのおいしさまで倍増してしまいます。

銀杏の素揚げ

●新銀杏 ●エキストラバージンオリーブオイル
●塩／各適宜

銀杏の殻を剥き、薄皮をつけたまま、たっぷりのオリーブオイルで炒めるような感じで転がしながら素揚げします。薄皮がはがれ、銀杏に火が通って透明感が出たところで、火から下ろし、薄皮を取り除き、塩をふって、熱いうちに、どうぞ。

オリーブの苗木の販売店

本書のオリーブ栽培指導にご協力をいただいたオリーブの生産農家、小倉園さんのオリーブの苗木は、４つのこだわりをもって栽培されています。ひとつめのこだわりは樹形。手間と時間をかけ、愛情を込めて仕立てられたオリーブの苗木は、「ひと目で小倉園のオリーブだとわかる」と、言われるほど、バランスよく美しい樹形が特徴です。ふたつめは用土へのこだわり。オリーブが好む、排水性に優れた弱アルカリ性の用土が、３つめのこだわりのスリット鉢とともに、酸素要求度の高いオリーブの根の環境を良好に保ちます。そして４つめのこだわりは品種。１００種類を越えるオリーブの豊富なラインナップが、日本のオリーブの人気をしっかりと支えてきました。
小倉園さんの苗木を購入できる店舗をご紹介します。

(株)オリーブガーデン(The Olive Garden Ltd.)
－Online Shop－
●「小倉園と業務提携し、オリーブの苗木を販売しています」
住所　東京都世田谷区南烏山1－25－1
TEL　03-6240-1717
URL　https://olivegarden.jp
苗木：https://olea-olive.com

グリーン ジャム(GREEN JAM)　－Online Shop－
●「オリーブ、中・大型観葉植物などを中心に
取り扱いしております」
住所　埼玉県 越谷市花田4-9-18
TEL　048-971-8767
URL　https://www.greenjam.jp

プロトリーフ ガーデンアイランド玉川店
(PROTOLEAF)
●都市と自然が調和する二子玉川に位置する、
都内最大級の園芸店。
住所　東京都世田谷区瀬田2-32-14
TEL　03-5716-8787
URL　http://www.protoleaf.com

オザキフラワーパーク(OZAKI-flower park)
●2021年、創業60周年を迎えるガーデンセンター。
住所　東京都練馬区石神井台4丁目6番地32号
TEL　03-3929-0544
URL　https://ozaki-flowerpark.co.jp

(株)渋谷園芸(SHIBUYA ENGEI)
●閑静な住宅街の真中に広い敷地をもつ園芸関係の専門店。
住所　東京都練馬区豊玉中4-11-22
TEL　03-3994-8741
URL　http://www.shibuya-engei.co.jp

パワジオ倶楽部 前橋(POWERDIO CLUB)
●オリーブの苗木、厳選された良質なオリーブオイルや
その他食品・インテリア・輸入雑貨等の販売。
住所　群馬県前橋市江田町277
TEL　027-254-3388
URL　http://www.powerdio.com

ヨネヤマプランテイション 本店
(YONEYAMA PLANTATION)
●広々とした店内には上質で
選りすぐりの植物やグッズが圧巻の品揃え。
住所　神奈川県横浜市港北区新羽町2582
TEL　045-541-4187
URL　http://www.thegarden-y.jp/shop/ypt.html

サカタのタネ ガーデンセンター横浜
(SAKATA SEED)
●サカタのタネ直営、日本最大級の園芸専門店。
住所　神奈川県横浜市神奈川区桐畑2
TEL　045-321-3744
URL　http://www.sakataseed.co.jp/gardencenter

本書の制作にあたり、
ご協力を深く感謝します。

（敬称略50音順）
朝倉彫塑館
荒井信雅
小倉卓磨
小倉敏雄
株式会社タクト
株式会社東和コーポレーション
ガミラ・ジアーズ
川口幸子
川本泰典
佐藤俊雄
自家焙煎ブレス・ミー珈琲
清水秀一
代田眞知子
スタジオM
住友化学園芸株式会社
田中一徳
旅する鈴木
成澤由浩
西村たかこ
西村やす子
西村羅玲
橋詰康子
はな
パワジオ倶楽部
茂木由実
八ツ田浩章

道の駅
小豆島　オリーブ公園

約2,000本のオリーブの樹々に囲まれた「小豆島オリーブ公園」は、オリーブの歴史に触れることができるオリーブパークです。瀬戸内海を見下ろす小高い丘にある白いギリシャ風車は、小豆島がギリシャのミロス島と姉妹島提携を結んだ友情の証として平成４年に建設されました。小豆島の青い空と青い海に映えて銀灰色に輝くオリーブの樹の美しさは、訪れた人々にとって、忘れられないたいせつな思い出となることでしょう。

(一財)小豆島オリーブ公園
住所　香川県小豆郡小豆島西村 甲1941番地1
TEL　0879-82-2200
URL　https://www.olive-pk.jp

アクセス
小豆島の草壁港から車で約５分
土庄港からバスで約25分

著　者
岡井路子（おかいみちこ）

育てる・食べる・飾る
まるごと楽しむオリーブの本

2020年11月20日　第1刷発行

編集　八月社
阿部民子

ブックデザイン　福岡将之

撮影　田中雅也
＋
岡井路子
＋
落合里美
川部米応
中川真理子
弘兼奈津子
＋
福岡将之

写真提供　鈴木陵生（p8-9、p57中段）
茂木由実（p41上）
はな（p60中段、下段左）

イラスト　NAOMI

発行人　安藤 明

発行　有限会社八月社
〒151-0061　東京都渋谷区初台1-17-13
TEL.　03-6300-9120

発売　株式会社主婦の友社
〒141-0021　東京都品川区上大崎3-1-1
目黒セントラルスクエア
TEL.　03-5280-7551（販売）

印刷所　株式会社シナノパブリッシングプレス

本書の内容についてのお問い合わせは、
有限会社八月社（TEL:03-6300-9120または
eメール：ando@hachigatsusha.net）へお願いいたします。

ISBN 978-4-07-342019-4

※落丁本、乱丁本はおとりかえいたします。お買い求めの書店か、
主婦の友社販売部MD企画課（03-5280-7551）にご連絡ください。